Y 形

巴梨结果状

超　红

丛状形

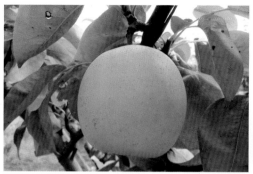

翠冠梨

岱酥

纺锤形

费县起垄沟灌

割草

沟灌

黄冠梨结果状

秋洋梨

秋　月

生　草

双层篱壁形

网架栽培园

细长纺锤形

新　高

粘虫板

紫花苜蓿

果树新品种及配套技术丛书

LI XINPINZHONG JI PEITAO JISHU

梨

新品种及配套技术

王少敏 董 冉 主编

中国农业出版社
北 京

内容提要

　　本书由山东省果树研究所果树专家编著。内容包括：梨主要优良品种介绍、梨树生物学特性、果园规划与建园、苗木繁育技术、梨树整形修剪技术、梨花果管理技术、梨园土肥水管理技术、主要病虫害防治技术等，简要阐述技术原理、作用与注意事项，重点说明技术方法。内容丰富、技术先进、通俗易懂、便于操作，可供果树栽培者参考。

主　编　王少敏　董　冉

副主编　董肖昌　王宏伟　于　强　魏树伟　冉　昆

参　编　张　勇　李怀水　崔海金

目 录
CONTENTS

一、梨主要优良品种 ……………………………………………… 1

　（一）国内优良梨品种 …………………………………… 1

　（二）国外优良梨品种 …………………………………… 45

　（三）西洋梨品种 ………………………………………… 54

二、梨树生物学特性 ……………………………………………… 65

　（一）梨树体结构 ………………………………………… 65

　（二）梨生长结果习性 …………………………………… 67

三、苗木繁育技术 ………………………………………………… 70

　（一）砧木的选择与繁殖技术 …………………………… 70

　（二）嫁接苗的繁育技术 ………………………………… 74

　（三）脱毒苗木的繁育技术 ……………………………… 78

　（四）苗木出圃、包装与运输 …………………………… 81

四、建园与种植 …………………………………………………… 83

　（一）对环境条件的要求 ………………………………… 83

　（二）生态梨园建设 ……………………………………… 86

　（三）园地选择与建园 …………………………………… 91

　（四）栽植技术 …………………………………………… 97

五、梨园土肥水管理技术 ………………………………………… 98

　（一）土壤管理新技术 …………………………………… 98

（二）梨树需肥特点与施肥 …………………………… 102

（三）梨树缺素症及防治技术 …………………… 114

（四）节水灌溉技术 …………………………………… 118

六、整形修剪技术 ………………………………… 123

（一）枝、芽特性 …………………………………… 123

（二）修剪的基本方法 ……………………………… 125

（三）主要树形及整形技术 ……………………… 129

（四）不同时期修剪特点 …………………………… 134

（五）不同品种的修剪特点 ……………………… 137

（六）不同类型树的修剪特点 …………………… 143

七、花果管理技术 ………………………………… 146

（一）提高坐果率技术 ……………………………… 146

（二）疏花疏果与合理负载 ……………………… 152

（三）果实套袋技术 ………………………………… 154

八、梨园主要病虫害防治技术 ……………………… 166

（一）综合防治技术 ………………………………… 166

（二）主要病害防治技术 …………………………… 171

（三）主要虫害防治技术 …………………………… 181

九、梨采收与包装 ………………………………… 191

（一）适期采收 ……………………………………… 191

（二）分级包装 ……………………………………… 192

参考文献 …………………………………………… 193

一、梨主要优良品种

（一）国内优良梨品种

1. 早熟品种

（1）苏翠 1 号

江苏省农业科学院园艺研究所以华酥为母本、翠冠为父本于 2003 年杂交选育而成，为优质早熟大果型品种。

果实倒卵圆形，平均单果重 260g，最大可达 380g。果面平滑，蜡质多，果皮黄绿色，果锈极少或无，果点小、疏。梗洼中等深度。果心小，果肉白色，肉质细脆，石细胞极少或无，汁液多，味甜，可溶性固形物含量 13％左右。在山东泰安地区 7 月中下旬成熟。

树体生长健壮，枝条较开张，成枝力中等，萌芽率 88.56％。1 年生枝条青褐色；叶片长椭圆形，叶面平展，绿色，叶尖急尖，叶基圆形，叶缘具钝锯齿。每花序 5～7 朵花，花药浅粉红色，花粉量多。定植第三年开始结果，早果丰产性强，抗锈病、黑斑病。加强土肥水管理，花后追肥一次，秋后施足基肥，加大疏花疏果力度，需配置 20％左右的授粉树。

（2）苏翠 2 号

江苏省农业科学院园艺研究所以西子绿为母本、翠冠为父本杂交选育而成的早熟砂梨新品种。

果实圆形，平均单果重 270g。果面平滑，果皮黄绿色，无果锈。果肉白色，肉质细脆，石细胞极少，味甜多汁，可溶性固形物含量12%，在江苏南京地区7月中下旬成熟。

树体健壮，半开张。成枝力中等，萌芽率高。花芽极易形成，连续结果能力强，坐果率高。可先采用株行距为2m×5m、2.5m×4m的栽植密度，成龄后间伐至4m×5m的株行距。需配置25%～30%的授粉树，可选择黄冠、丰水等为授粉品种。树形可采用开心形及小冠疏层形，幼树要轻剪，多留辅养枝，易采用疏枝、拉枝与摘心相结合的方法，利于早成形、早结果。

（3）早酥

中国农业科学院郑州果树研究所以苹果梨×身不知杂交培育而成。

果实多呈卵圆形或长卵形，平均单果重约250g，最大可达700g；果皮黄绿色，果面光滑，有光泽，并具棱状突起，果皮薄而脆；果点小，不明显；果心较小；果肉白色，质细，酥脆爽口，石细胞少，汁多，味甜，可溶性固形物含量11%～14%，可溶性糖含量7.23%，可滴定酸含量0.28%，每100g果实含维生素C 3.70mg，品质上等。山东阳信地区7月下旬采收。果实室温下可贮藏20～30d，在冷藏条件下可贮藏60d以上。

树冠圆锥形，树姿半开张。主干棕褐色，表面光滑。2～3年生枝暗褐色，1年生枝红褐色。幼叶紫红色，成熟叶片绿色，卵圆形，叶缘粗锯齿具刺芒。花白色，有红色晕，花粉量大。树势强健，萌芽率达84%，成枝力中等偏弱。以短果枝结果为主，果台连续结果能力中等偏弱，具有早果、早丰特性。适应性强，对土壤条件要求不严格，耐高温多湿，也具有抗旱、抗寒性，较抗黑星病和食心虫。

（4）中梨1号

又名绿宝石，是中国农业科学院郑州果树研究所以新世纪为母本、早酥为父本杂交选育的早熟品种。2005年通过国家林木良种审定委员会审定。

果实近圆形或扁圆形，单果重250g，果面较光滑，果点中大，果皮绿色。果心中大，果肉乳白色，肉质细，疏脆，石细胞少，汁液多，味甜，可溶性固形物含量 12.0%～13.5%，可溶性糖含量 9.67%，可滴定酸含量 0.085%，品质上等。在山东泰安地区 7 月下旬成熟。冷藏条件下可贮藏 2～3 个月。

树冠圆头形，幼树树姿直立，成龄树开张，主干灰褐色，表面光滑，1 年生枝黄褐色。叶片长卵圆形，叶缘具锐锯齿。新梢及幼叶黄色。花冠白色，每花序花朵数 6～8 个。树势较强，萌芽率 68%，成枝力中等。定植 3 年结果，以短果枝结果为主，腋花芽也可结果。抗旱、耐涝、耐贫瘠，对轮纹病、黑星病、干腐病等均有较强抗性。在果实生长发育前期干旱少雨、果实膨大期多雨的条件下，有裂果现象，套袋可减轻裂果。授粉品种可采用早美酥、新世纪等。

(5) 早美酥

中国农业科学院郑州果树研究所以新世纪为母本、早酥为父本杂交选育的早熟品种。2002 年通过全国农作物品种审定委员会审定。

果实卵圆形，平均单果重 250g，果面洁净、光滑，果点小而密，果皮黄绿色，果肉白色，石细胞少，汁液多，味酸甜，果心小，可溶性固形物含量 11%～12.5%，总糖含量 9.77%，总酸含量 0.22%，每 100g 果实含维生素 C 5.63mg，酸甜适度，品质上等。在山东泰安地区 7 月下旬成熟，货架期 20d，冷藏条件下可贮藏2～3 个月。

树冠圆头形，树姿直立，萌芽率高，成枝力较低。主干灰褐色，表面光滑，1 年生枝黄褐色，新梢及幼叶被黄色茸毛，叶片长卵圆形，叶缘具中锯齿，花冠白色。以短果枝结果为主，果台副梢结果能力较强，花序坐果率高，具有早果、丰产特性。抗旱、耐涝、耐高温多湿，对轮纹病、黑斑病、腐烂病有较好的抗性。

在沙荒薄地及丘陵岗地，株行距以 1.5m×4m 或 2m×4m 为宜；土壤肥沃、灌溉条件好的地方株行距以 2m×5m 或 3m×4m 为宜。需按 6：1 配置授粉树，早酥、七月酥、金水 2 号、新世纪等可作为授粉树。进入盛果期后要合理疏花疏果，每隔 20cm 留 1

个果，每 667m² 留果约 15 000 个，使产量控制在 2 500kg 以内。整形修剪以轻剪为主，结果后培养树形，以纺锤形为主。

(6) 七月酥

中国农业科学院郑州果树研究所以幸水×早酥杂交培育而成。

果实卵圆形，果皮黄绿色，平均单果重 220g，最大可达 650g，果面光滑洁净，果点小。果肉乳白色，肉质细嫩松脆，果心极小，无石细胞或很少，汁液丰富，风味甘甜，微具香味，可溶性固形物含量 12.5%，总糖含量 9.08%，总酸含量 0.10%，每 100g 果实含维生素 C 5.22mg，品质上等。室温条件下，果实可贮藏 20d 左右，贮后色泽变黄，肉质稍软。在河南郑州地区 7 月初成熟，较早酥早熟 20d。

树势强健，幼树生长旺盛，枝条直立，分枝少。主干灰褐色，光滑，有轻微块状剥裂。1 年生枝红褐色。叶片淡绿色，长卵圆形。花药较多，浅红色。每花序有花 7~9 朵，多者达 12 朵，花序自然着果率 42% 左右。定植 3 年后开始结果，进入结果期生长势逐渐缓和，形成大量中短枝，较丰产、稳产。果台副梢抽生能力弱，顶花芽和腋花芽较少，以短果枝或叶丛枝结果为主，大小年结果和采前落果现象不明显。可在黄淮地区及长江流域栽培。抗逆性中等，较抗旱，耐涝、耐盐碱；抗风能力弱；抗病性较差，叶片易感染早期落叶病和轮纹病，年降水量 800mm 以上地区不宜大量栽培。

(7) 华酥

中国农业科学院兴城果树研究所以早酥为母本、八云为父本种间远缘杂交育成。

果实近圆形，个大，平均单果重 200~250g。果皮黄绿色，果面光洁，平滑有蜡质光泽，无果锈，果点小而中多。果心小，果肉淡黄白色，酥脆，肉质细，石细胞少，汁液多，可溶性固形物含量 10%~11%，可滴定酸含量 0.22%，每 100g 果实含维生素 C 1.08mg，酸甜适度，风味较为浓厚，并略具芳香，品质优良。耐贮性较差，室温下可贮藏 20~30d。在河北石家庄地区 7 月中旬成熟，较早酥早熟 10～15d。

幼树树姿直立，树势强健，多头高接树多水平枝或斜生枝，1年生枝绿褐色，新梢密被白色茸毛，皮孔长圆形，浅褐色，较稀。叶片长椭圆形，深绿色，叶缘具针芒状复式锯齿，叶芽尖小呈三角形斜生。萌芽率高，成枝率低，以短果枝结果为主，中长果枝也有腋花芽结果习性，果台副梢结果能力较强，坐果率高，花序坐果率为 97%，花朵坐果率 60% 以上，其产量与早酥相当，无裂果落果现象。适应性较强，抗腐烂病、黑星病能力强，兼抗果实木栓化斑点病和轮纹病。

(8) 华金

中国农业科学院兴城果树研究所以早酥为母本、早白为父本杂交育成。

果实长圆形或卵圆形，果大，平均单果重 305g，果皮绿黄色，果面平滑光洁，果心较小，果肉黄白色，肉质细，酥脆，汁液多，味甜，有微香，可溶性固形物含量 11%～12%，品质上等。在河南郑州地区 7 月上旬果实成熟。

树冠圆锥形，树姿半开张。1 年生枝黄褐色。幼叶淡绿色，老叶绿色，卵圆形，叶缘细锐锯齿具刺芒，叶尖渐尖，叶基圆形。树势较强，萌芽率高，成枝力中等偏弱，以短果枝结果为主，间有腋花芽结果，果台连续结果能力中等，结果早，丰产性能好。适应性强，耐高温多湿，抗寒、抗病性较强，高抗黑星病。

(9) 中梨 4 号

中国农业科学院郑州果树研究所以早美酥为母本、七月酥为父本杂交选育的早熟品种。

果实近圆形，果面光滑，平均单果重 300g。果皮绿色，采后 10d 鲜黄色且无果锈。果心极小，果肉乳白色，肉质细脆，石细胞少，汁液多，可溶性固形物含量 12.8%，酸甜可口，无香味，品质上等。果实 7 月中旬成熟。

树姿半开张，树势中强。1 年生枝红褐色。生长势强，萌芽率高，成枝力低。以短果枝结果为主，腋花芽也可结果。果台枝 1～

2个，连续结果能力强，采前落果不明显，极丰产，无大小年。由于该品种生长势较旺，应采用合理密植，株行距为1.5m×（3.5～4）m。需配置一定数量的授粉树，如翠冠、黄冠、中梨1号等品种。

（10）翠冠

浙江省农业科学院园艺研究所以幸水×（新世纪×杭青）杂交选育而成。

果实近圆形，平均单果重230～350g，果皮细薄，黄绿色，有少量锈斑。果心较小，果肉白色，肉质细嫩而松脆，汁多味甜，可溶性固形物含量12％左右，其品质超过日本幸水梨。盛花期为3月下旬，成熟期为7月上中旬。抗高温能力较强，目前已成为我国南方砂梨栽培区早熟梨主栽品种。

树势强健，树姿较直立。萌芽率和发枝力强，以长果枝、短果枝结果为主，结果性能很好。1年生嫩枝绿色，茸毛中等，多年生枝深褐色。树势强，长果枝结果性能好，坐果率高，种植上可先密后疏，先选用株行距为2m×3m、1m×4m等密植方法，成龄后株行距可逐渐变成3m×4m、4m×4m。建园需配置25％的授粉树。采用长放拉枝与短截相结合，促使树冠形成，提高其早期产量。需进行疏花疏果、套袋，提高果品质量。

（11）翠玉

浙江省农业科学院园艺研究所以西子绿为母本、翠冠为父本杂交选育而成的特早熟品种。

果实圆整、端正，果皮浅绿色，果面光滑，无或少量果锈，果点小，萼片脱落，外观十分美观。果肉白色，肉质细嫩，味甜多汁，品质上等。平均单果重230g以上，最大可达375g，无石细胞，果心小，可溶性固形物含量12％左右，贮藏性好。在山东泰安地区7月下旬成熟。

树势中庸健壮，树姿半开张，成龄树主干树皮光滑、灰褐色。1年生枝阳面为褐色。叶亮绿色，叶片卵圆形，叶基圆形，叶尖渐尖，叶缘具锐锯齿。花白色，花药紫红色，花粉量较多，每花序具

5～8 朵花。花芽极易形成，中、短果枝结果能力强。不易裂果，对高温高湿抗性较黄花、翠冠梨强，不发生早期落叶现象，对黑星病、炭疽病等抗性较强。选择土层较厚、肥力中上、土质疏松、光照充足的黄壤土或沙壤土栽植，在山地种植株行距以 4m×4m 为宜，在平地种植株行距以 3m×4m 或 4m×4m 为宜。配置翠冠或黄花为授粉品种，配置比例为（4～5）：1。

（12）初夏绿

浙江省农业科学院园艺研究所以西子绿为母本、翠冠为父本杂交选育而成的特早熟品种。

果实圆形或长圆形，果皮浅绿色，果点较大，萼片脱落，果锈少；平均单果重 250g 左右。果肉白色，肉质松脆，味甜多汁，可溶性固形物含量 12% 左右，可溶性糖含量 7.48%，可滴定酸含量 0.06%，每 100g 果实含维生素 C 0.415mg，品质较好，较耐贮藏。在山东泰安地区 7 月下旬成熟。

树势健壮，树姿较直立，成龄树主干树皮光滑，1 年生枝阳面为黄褐色，嫩枝表面无茸毛。叶片亮绿色，卵圆形，叶基圆形，叶尖渐尖，叶面平展。花瓣白色，花药浅紫红色，花粉量较多。花芽极易形成，丰产性强。长果枝结果性能好，坐果率高。建园时需配置 25%～30% 的授粉树，可选择清香、翠冠等品种。幼龄树需采用疏枝与拉枝相结合的整形修剪方法，促进树冠快速形成，提高其早期产量。需在大小果分明时进行疏花疏果。

（13）西子绿

浙江农业大学园艺系以新世纪为母本、翠云为父本杂交选育的优质早熟品种。1996 年通过鉴定。

果实中大，扁圆形，平均单果重 190g，最大可达 300g。果皮黄绿色，果点小而少，果面平滑，有光泽，有蜡质，外观极美。果肉白色，肉质细嫩，疏脆，石细胞少，汁多，味甜，品质上等。可溶性固形物含量 12%。浙江杭州地区 7 月下旬成熟。较耐贮运。

生长势中庸，树势开张。萌芽率和成枝力中等。以中短果枝结果为主。树皮光洁，多年生枝黄褐色，1 年生枝棕褐色。嫩叶黄绿色，叶尖渐尖，叶基圆形，叶缘有较浅锯齿。定植后第三年结果。少裂果，对黑星病、锈病抗性较强。在栽培时，宜选择土壤好的地，注意加强肥水管理，幼树宜适当增大分枝角度，修剪时注意培养短结果枝组，连续结果后及时回缩，促发长枝；注意疏果，增大果形，以达到丰产、稳产的目的。

（14）鄂梨 1 号

湖北省农业科学院果茶蚕桑研究所以伏梨为母本、金水酥为父本杂交选育的早熟品种。

果实近圆形，平均单果重 230g，最大可达 493.5g，果形整齐。果皮薄，绿色。果点小，中多。果面平滑洁净，外观美。果心小，肉质细、脆、嫩、汁多，石细胞少，味甜，可溶性固形物含量 10.6%～12.1%，总糖含量 7.88%，总酸含量 0.22%。在湖北武汉地区 7 月上旬成熟。果实耐贮藏。

树姿开张，1 年生枝绿褐色，叶片较小。平均每花序具 8.53 朵花，花瓣 5 枚。萌芽率 71%，成枝力平均 2.1 个。自花不结实。平均每果台坐果 2.2 个，每果台发副梢 1.05 个，果台连续结果力 10.37%。幼树以腋花芽结果为主，4 年生树腋花芽果枝比例仍高达 55.67%，盛果期以中短果枝结果为主。早果性好，丰产、稳产，无采前落果现象，大小年结果现象不明显。抗病性较强；对梨茎蜂、梨实蜂和梨瘿蚊具有较强的抗性。

（15）金水

湖北省农业科学院果茶桑蚕研究所以金水 1 号为母本、兴隆麻梨为父本杂交选育的新品种。

果实圆形或倒卵圆形，果实中等大小，单果重 151.5g，果皮绿色，果面较平滑，无光泽，略具果锈，果点中大、密集。果心小，果肉白色，肉质细，酥脆，汁液多，味酸甜，石细胞少，可溶性固形物含量 12.5%，品质上等。在河南郑州地区 7 月下旬成熟。果实不耐贮藏，室温下可贮放 20～30d，冷藏条件下可贮藏 60d 以上。

树冠阔圆锥形，树姿开张。枝干灰褐色，较光滑。多年生枝灰褐色，1 年生枝褐色。幼叶淡红色，成熟叶深绿色，卵圆形、平展，叶缘细锐锯齿具刺芒，叶尖渐尖，叶基卵圆形。花白色。树势中庸，萌芽率 60.7%，成枝力弱。以短果枝结果为主，果台连续结果能力强，坐果率高。适合在降水量较少的河南、陕南等地区栽培，在雨水偏多的长江流域栽培果面果锈和裂果严重。抗病性一般，易感染黑斑病，抗虫能力强。

(16) 甘梨早 6

甘肃省农业科学院果树研究所以四百目为母本、早酥为父本杂交育成。

果实宽圆锥形，平均单果重 238g，最大可达 500g，果面光滑洁净，果皮细薄、绿黄色，果点小、中密。果心极小，果肉乳白色，肉质细嫩酥脆，汁液多，石细胞极少，味甜，具清香，可溶性固形物含量 12.0%~13.7%，可溶性糖含量 7.83%，有机酸含量 0.12%，每 100g 果实含维生素 C 4.9mg，品质上等。果实室温下可存放 15~20d，冷藏条件下可存放 50~60d。在甘肃兰州地区 7月下旬成熟，较早酥提早 25d。

树势中庸，树型紧凑。树姿较直立。枝干灰褐色，表面光滑，1 年生枝红褐色，皮孔较稀。叶芽小、离生，花芽圆锥形，较大。叶片长卵圆形，叶尖渐尖，叶基心脏形，叶缘锯齿粗锐，叶片较大，叶片色泽浓绿，革质较厚，叶面平展，叶背具茸毛，嫩叶黄绿色。每花序具 6~8 朵花，花冠白色，花药紫红色。萌芽率 70.1%，成枝力弱，以短果枝结果为主，坐果率高。幼树定植 2~3 年后结果，结果早，丰产性好。抗逆性强，抗寒、抗旱性、抗病性强。

(17) 早冠梨

河北省农林科学院石家庄果树研究所以鸭梨为母本、青云为父本杂交培育而成。

果实近圆形，单果重 230g；果面淡黄色，果皮薄，光洁无锈，果点小；萼片脱落；果心小，果肉洁白，肉质细腻酥脆，汁液丰富，酸甜适口，并具鸭梨的清香，石细胞少，无残渣，口感极佳。

可溶性固形物含量 12.0％以上，总糖含量 9.276％，总酸含量 0.158 3％，每 100g 果实含维生素 C 0.256mg，综合品质上等。在河北石家庄地区 7 月下旬或 8 月上旬成熟，较黄冠早成熟 15d 左右。

树势强，树冠圆锥形，树姿半开张。主干灰褐色、有纵裂，多年生枝红褐色，1 年生枝黄褐色。叶片椭圆形，幼叶红色，成熟叶深绿色，叶缘具刺毛齿。花冠白色，花药浅红色，一般每花序具 8 朵花。萌芽率中等（55.9％），成枝力弱（剪口下可抽生 15cm 以上枝条 2.55 个）。以短果枝结果为主，幼旺树腋花芽结果明显，具良好的丰产性。华北地区栽植株行距以 3m×（4～5）m 为宜，可与鸭梨互为授粉品种。水分管理以"前期保证、后期控制"为原则。高抗黑星病，重点防治轮纹病、梨木虱、梨黄粉蚜、康氏粉蚧等病虫害。

（18）新梨 7 号

新疆塔里木农垦大学以库尔勒香梨为母本、早酥为父本杂交育成的早熟新品种。

果实椭圆形，单果重 150～200g，最大可达 310g。底色黄绿色，阳面有红色晕。果皮薄，果点中大、圆形。果柄短粗，果梗部木质化。果心小，果肉白色，汁多，质地细嫩、酥脆，无石细胞，口感甜爽、清香。7 月下旬采收的果实平均可溶性固形物含量 12.2％，一般 7 月底采收。

生长势强，幼树分枝角度大。1 年生枝萌芽率高，成枝力强，易发二次分枝，新梢摘心易发生分枝，因此，树冠成形快，结果枝组易于培养，早期丰产。高接换头成形快，当年抽生副梢并形成花芽，第二年开始结果，第三年可进入丰产期。由于采收期早，秋芽芽体饱满，树体连年丰产结果力强，无大小年结果现象。适应性强，树体抗盐碱、耐旱力强。耐瘠薄，较抗早春低温寒流。凡是香梨、苹果梨、巴梨、早酥等品种的适栽地域都是它的适宜栽培发展区。该品种必须配置授粉树，辅助人工授粉。授粉品种可选用鸭梨、香水梨、雪花梨、砀山酥梨等。由于果实成熟早、溢香，易受鸟害，注意保护果实。

(19) 早酥蜜

中国农业科学院郑州果树研究以七月酥为母本、砀山酥梨为父本杂交选育而成的极早熟新品种。

果实卵圆形，平均单果重 250g。果皮绿黄色，果点小而密，萼片脱落。果肉乳白色，肉质极酥脆，汁液多，风味甘甜，可溶性固形物含量 13.1%，可滴定酸含量 0.096%，总糖含量 7.84%，每 100g 果实含维生素 C 0.546mg，硬度（带皮）$5.36kg/cm^2$，品质上等。在河南郑州地区 7 月上旬成熟，比早酥早熟 20d；货架期 30d，冷藏条件下可贮藏 3～4 个月。

树姿半开张，树势中庸，幼树生长旺盛，枝条直立。多年生枝深褐色，1 年生枝暗褐色。叶片卵圆形，花冠白色。萌芽率高，成枝力中等。易形成中短枝，以短果枝结果为主，腋花芽也可结果，果台副梢连续结果能力强。栽培管理容易。土壤肥沃、肥水条件较好的园地可采用 1.5m×4m 的株行距，丘陵地区可采用 1.2m×4m 的株行距。树形可采用细长圆柱形。适宜在我国华北、西北及渤海湾等酥梨种植区推广种植。

(20) 玉香

湖北省农业科学院果茶蚕桑研究所以伏梨为母本、金水酥为父本杂交育成的早熟新品种。

果实近圆形，果皮暗绿色，果面具蜡质光泽，极平滑，果形整齐。平均单果重 205g，最大可达 310g。果肉洁白，肉质细嫩，汁液多，浓甜，可溶性固形物含量 13.5%，总酸含量 0.17%，维生素 C 含量 12.9mg/kg。在湖北武汉地区果实成熟期为 7 月中旬。

树势中强，树姿开张。萌芽力强，成枝力弱。1 年生枝暗褐色，叶片阔椭圆形，幼叶粉红色，花冠白色。以短果枝结果为主，长果枝腋花芽也有较强的结果能力。建园时株行距以（2～3）m×（4～5）m 为宜，授粉品种为翠冠、金水 2 号等。早果，丰产，稳产，高抗黑星病。

(21) 徽香

安徽农业大学从砂梨品种清香的早熟芽变中选育的新品种。

果实阔卵圆形，果面平滑，果锈较多，果顶圆平。果肉白色，果核小，萼片脱落，石细胞少，可溶性固形物含量11.1%，可溶性糖含量9.7%，总酸含量0.88%，果实具有微香。在安徽宣城地区7月下旬果实成熟。

生长势较强，树姿半开张。1年生枝青褐色。萌芽率、成枝力中等。叶片呈卵圆形，深绿色。结果初期以中短果枝和腋花芽结果为主，盛果期以短果枝群结果为主。幼树宜采用自然圆头形或开心形。

(22) 早魁

河北省农林科学院石家庄果树研究所以雪花梨为母本、黄花梨为父本杂交选育的新品种。

果实椭圆形（萼端较细），果大，平均单果重258g；果面绿黄色，充分成熟后呈金黄色；果皮较薄，果肉白色，肉质较细，松脆适口，汁液丰富，风味甜，具香气，可溶性固形物含量12.6%；果心小，石细胞、残渣少；8月初成熟，在果形、风味等方面优于同期成熟的早酥、金水2号等品种。

树势健壮，生长旺盛。主干黑褐色，1年生枝灰褐色，嫩梢红褐色。幼叶深红色，成熟叶深绿色、长椭圆形。芽体细尖、斜生。花冠白色，花药紫色，一般每花序具8朵花。且新梢中下部芽体当年可萌发而形成二次枝，萌芽率高（50.73%），成枝力较强，剪口下可抽生15cm以上枝条3.93个。始果年龄早，以短果枝结果为主，幼旺树亦有中长果枝结果，并有腋花芽结果，果台副梢连续结果能力中等（连续2年以上结果果台占总果台数的11.78%）。自然授粉条件下平均每花序坐果2.43个，具良好丰产性能。可与黄冠、冀蜜、早酥、雪花梨等品种互为授粉树。

(23) 世纪梨

原代号818，是河北省农林科学院昌黎果树研究所选育出的优良变异单株。

果实近圆形或扁圆形，平均单果重200g，最大可达350g。外形美观，绿黄色，皮薄，肉质较脆，汁液多，酸甜，有较浓郁的香味。可溶性固形物含量 14%～16%，品质上等。在河北石家庄地区 7 月下旬至 8 月上旬成熟。

树势强健，主枝角度开张，树冠中大，枝干皮暗褐色，枝条红褐色，新梢茸毛少。叶片近梭形或椭圆形，花冠中大，重瓣花。萌芽率高，成枝力中等，短果枝连续结果能力强。田间抗黑星病能力强。适应性强。建园时栽植株行距以 3m×4m 或 2.5m×4m 为宜，树形宜采用多主枝疏层形或自然纺锤形。宜采用鸭梨、黄冠、早酥等品种为授粉品种。

(24) 早金酥

辽宁省果树研究所以早酥为母本、金水酥为父本杂交育成。

果实纺锤形，平均单果重 240g，最大可达 600g。果面绿黄色，光滑，果点中密。果心小，果肉白色，肉质酥脆，汁液多，酸甜，石细胞极少，可溶性固形物含量 10.8%。常温贮藏期为 22d。在辽宁熊岳地区 8 月初果实成熟。

树体生长势较强，幼树生长直立，萌芽率高，成枝力强。腋花芽较多，连续结果能力强。成熟后不落果，采收期近 2 个月。较喜肥水，应选择土壤肥力较好、土层较厚的平地或缓坡建园。株行距以 3m×4m 或 2m×4m 为宜。早金酥梨对苦痘病抗性强，抗旱能力强，较喜肥水，采收期长达 2 个月，适于观光旅游园栽培。可选择华酥等早熟品种为授粉树。

(25) 华梨 2 号

又名玉水，是华中农业大学以二宫白为母本、菊水为父本杂交选育的早熟、优质砂梨品种。

果实圆形，平均单果重 180g，最大可达 400g。果面黄绿色，光洁、平滑，有蜡质光泽，果锈少。果皮薄，果点中大、中密，外形较为漂亮美观，梗洼浅而狭，萼洼中深、中广，萼片脱落。果心小，果肉白色，肉质细嫩酥脆，汁液丰富，酸甜适度。石细胞很少，可溶性固形物含量 12%，品质上等。在湖北武汉地区 7 月中旬成熟。

树冠较小，树势中庸，树姿开张。枝干粗糙，灰褐色。多年生枝粗糙，灰褐色；1 年生枝红褐色，弯曲，较稀。叶芽小而细长，花芽长椭圆形，叶片长椭圆形。花蕾淡粉红色，花冠白色，花瓣卵圆形。萌芽率较高，发枝力中等。幼树以长果枝结果为主，成龄树以短果枝结果为主，果台连续结果能力较强。采前落果较少，并具结果早、高产稳产等特性。适于在华中、华东、西南等南方砂梨产区栽培，适应性较强。耐高温多湿，在肥水管理条件较差和负载过量等情况下果个偏小。抗病力一般，对黑星病和黑斑病的抗性强于亲本。

(26) 金星

中国农业科学院郑州果树研究所以栖霞大香水为母本、兴隆麻梨为父本杂交育成。

果实近圆形，浅黄绿色，外观漂亮。平均单果重 220g，最大可达 480g。果面光洁，果点密，稍突出。果心小，果肉淡黄白色，细脆酥松，汁液特多，甘甜纯正，微酸，香气浓郁，口感好。可溶性固形物含量 13.5%，品质上等。货架期长，室温下可贮藏 30d 以上。耐贮运性和抗病性强。果实 7 月下旬至 8 月上旬成熟。

生长势强健，树冠近半圆形，枝条生长充实健壮，芽体紧实饱满，枝条节间较短。多年生枝灰褐色，1 年生枝黑褐色。叶片卵圆形绿色，叶尖渐尖，叶基楔形，叶缘锯齿锐尖。每花序有花 5~7 朵，花瓣卵圆形，花药浅黄色。枝条硬，较开张。定植后翌年始果，以短果枝结果为主，顶花芽和腋花芽较易形成，成花量大，坐果率高，花序坐果率为 52%。果台副梢连续结果能力强，平均坐果 2~3 个。极丰产、稳产，无采前落果和大小年结果现象。抗逆性强，抗旱耐涝，耐瘠薄，抗寒性，抗风力好，病虫害少，高抗黑星病、腐烂病和锈病，蚜虫、梨木虱较少。

(27) 早翠

华中农业大学以跃进为母本、二宫白为父本杂交选育而成。

果实近圆形，中大，平均单果重 142g，最大可达 200g 以上。果皮绿色，果皮薄，果面平滑有光泽。果点中大，果肉绿白色，质细松脆，石细胞少，汁较多，味酸甜适度，可溶性固形物含量11%，品质上等。在辽宁兴城8月上旬成熟，果实不耐贮，可存放1个月左右。

树势中庸，树姿开张，分枝角度大，中心主枝弱，树冠较小而紧凑，层次不明显，适于矮化密植。芽萌发力强，成枝力及枝梢生长都较强。花芽形成容易，坐果率高。开始结果早，产量高。连续结果能力强。嫁接树在正常管理情况下，一般定植后翌年即可始果。授粉品种可用二宫白、中翠等。品质好，早熟、丰产，适宜密植，便于管理。适应性广，对土壤要求不严，抗病力强，对梨锈病、黑斑病、粗皮病和黑星病均有较强的抵抗力。抗寒性中等，可在长江中下游发展，以提早供应市场。

（28）红太阳

中国农业科学院郑州果树研究所最新选育的红皮梨新品种。

果实卵圆形，形似珍珠，平均单果重200g，最大可达350g。外观鲜红亮丽，肉质细脆，石细胞较少，汁多。果心较小，5心室，种子7～10粒。香甜适口，可溶性固形物含量12.4%，品质上等。果实在常温下可贮藏10～15d，冷藏条件下可贮藏3～4个月。

树冠阔圆锥形，树势中庸偏强，枝条较细弱，嫩枝红褐色，多年生枝红褐色；皮孔较小。叶芽细圆锥形，花芽卵圆形。每个花序有花朵6～8个，花冠粉红色，花瓣白色。种子中大，卵圆形，棕褐色。萌芽率高，成枝力较强。结果早，一般嫁接苗定植后3年即开始结果。以短果枝结果为主，中长果枝亦能结果。短果枝连续结果能力很强，一般可连续结果3年以上。果台副梢抽生能力强，每个果台一般可抽生1～2个。花序坐果率高达67%，花朵坐果率为26%。丰产、稳产。在河南郑州地区，花芽萌动期为3月8日前后，叶芽萌动期为3月20日前后，初花期通常在4月6日前后，盛花期在4月11日前后，落花期为4月15日前后。7月底成熟。发育期为110d左右。

性喜深厚肥沃的沙质壤土，抗旱、耐涝，抗黑星病能力强。

2. 中熟品种

（1）玉绿

湖北省农业科学院果树茶叶研究所以苁梨为母本、太白为父本杂交选育的优质早熟砂梨品种。

果实近圆形，平均单果重270g，最大可达433.9g。果皮绿色，果点小而稀，果面光滑，无果锈，有蜡质。果肉白色，肉质细嫩，石细胞少，汁多，酸甜可口，可溶性固形物含量10.5%～12.2%。在山东泰安地区8月中旬成熟。

树势中庸，树姿半开张，树冠阔圆锥形，萌芽率较高，成枝力中等。幼旺树长果枝和腋花芽结果能力较强，进入盛果期后以短果枝和腋花芽结果为主，中长果枝也具有较强的结果能力。结果早，易丰产。以翠冠、圆黄、鄂梨2号等作为授粉树，配置比例为（4～5）∶1。秋后施足基肥，盛果期追肥，保持树势生长健壮。

（2）脆绿

浙江省农业科学院园艺研究所以杭青为母本、新世纪为父本杂交选育而成的早熟砂梨品种。2007年通过浙江省农作物品种审定委员会审定。

果实近圆形，果点较大，果面光滑，果皮黄绿色。平均单果重200g以上，最大可达420g。果肉白色，肉质细嫩，味甜多汁，可溶性固形物含量12%。花芽极易形成。丰产、稳产。在浙江杭州市8月上旬果实成熟。

树势健壮，树姿较直立，结果后稍开张。主干灰褐色，多年生枝浅褐色，表皮光滑。早果性强，苗木栽后翌年挂果，幼树以长果枝和腋花芽结果为主，成龄树以短果枝与果台枝结果为主。树势中等，花芽极易形成。建园时需配置25%～30%的授粉树。树体前期以拉枝为主，进入结果期后要加重修剪力度，尽量利用更新枝。需进行疏花疏果、套袋，提高果品质量。

（3）鄂梨2号

湖北省农业科学院果茶蚕桑研究所用中香作母本、43-4-11

（伏梨×启发）作父本杂交选育而成的新品种。

果实倒卵圆形，平均单果重 200g，最大可达 330g，果实底色绿色，果面黄绿色，具有蜡质光泽，果点中大、中多，果面平滑。果肉白色，肉质细、嫩、脆，汁多，石细胞极少，味甜，微香，可溶性固形物含量 12%～14.7%，果心极小，品质上等。在山东泰安地区 8 月上旬成熟，果实耐贮运。

树姿半开张，树冠圆锥形。萌芽率高，成枝力中等。幼旺树腋花芽结果能力极强，盛果期以短果枝、腋花芽结果为主，早果、丰产性强，高抗黑星病。宜采用双层开心形或小冠疏层形，株行距宜为（2～3）m×4m。幼树生长势强，应拉枝开角，夏季修剪以拉枝、摘心、抹芽为主；冬季修剪以回缩、甩放、短截相结合，过弱更新，强枝甩放。需配置 25%左右的授粉树。

（4）金酥

辽宁省果树研究所以早酥为母本、金水酥为父本杂交育成。2013 年通过辽宁省非主要农作物品种备案办公室备案。

果实卵圆形，平均单果重 230g，果面黄绿色、光滑，果皮薄，果心小；果肉白色，肉质酥脆，汁液多，酸甜，石细胞少；硬度 5.68kg/cm²，可溶性固形物含量 12.5%，可滴定酸含量 0.28%，维生素 C 含量 0.037mg/g，品质上等。采收期 1 个多月，不落果。早果、丰产、稳产性好。

树姿直立，树干褐色、光滑。年新梢生长量 61.2cm，节间长 3.47cm。叶芽贴生，叶片椭圆形。每花序有花 8.2 朵，有花粉。适于辽宁省辽阳以南地区栽培，要求平地或缓坡地、土层较厚、土壤肥力较好的地块，株距 2～3m，行距 4m。可采用改良纺锤形或圆柱形树形。需按 1∶8 的比例配置华酥及早酥等中早熟品种授粉树。抗苦痘病，正常管理条件下各种病虫害均可安全控制。

（5）金水 1 号

湖北省农业科学院果树茶叶研究所以长十郎为母本、江岛为父本杂交育成。

果实阔倒卵形或近圆形，果实大，平均单果重 293.8g，最大可达 600g 以上。果皮绿色，果面较平滑，无光泽，部分有果锈。果点中大且多。果心中大，果肉白色，肉质中细、酥脆，石细胞少，汁液多，可溶性固形物含量 10.97%，酸甜适度，无香气，品质中上等。果实成熟期为 8 月下旬。耐贮性不强。

树姿较直立，树势健壮，生长势强。主干及多年生枝灰褐色，较粗糙；1 年生枝褐色或黄褐色。叶片阔卵圆形或卵圆形，叶片浓绿，嫩叶淡红色。花冠白色，平均每花序有花 4.8 朵。萌发力高，成枝力弱。定植后第三年开始结果。短果枝占总果枝量的 76.93%，果台连续结果能力中等。气候正常时，采前落果少。前期雨水过多、后期干旱、树势衰弱则采前落果较重。一般年份丰产、稳产。抗逆性和抗病虫性较强。梨蚜、红蜘蛛、梨木虱对其为害不严重。

（6）脆香

黑龙江省农业科学院园艺研究所以龙香为母本、新品系 56-11-55 为父本杂交选育而成的抗寒品种。

果实长椭圆形，较整齐。平均单果重 75g，最大可达 158g。果面正黄色，果皮薄，蜡质少，梗洼浅、有侧瘤，萼洼平、有小瘤。果点中大、多，果心小，果肉白色，风味甜、微香，肉质细脆，汁中多，石细胞小、少，外观色泽好。可溶性糖含量 9.35%，可溶性固形物含量 18.47%，可滴定酸含量 0.17%，每 100g 果实含维生素 C 5.8mg。品质上等。无后熟期，食用成熟期 8 月末。可贮藏近 2 个月，耐运输。

树势健壮，树姿半开张。树干深褐色，粗壮，表面光滑。枝条棕褐色，分枝密度中等，皮孔长圆形、灰白色。新梢褐色，直，茸毛少，皮孔黄色。叶片深绿色，长卵圆形。每花序有花 5~8 朵，花蕾白粉色，花药紫红色，花粉量多。芽萌发率高，成枝力中等。以短果枝结果为主。自然授粉条件下，每花序坐果 2~5 个。在加强土肥水及合理修剪下无大小年结果现象。抗寒、抗病虫能力强。

（7）雪青

浙江农业大学以雪花梨为母本、新世纪为父本育成。

果实圆球形，果形圆整。疏果后单果重 400～450g，最大果850g。萼片脱落，萼洼深广，梗洼中深。果皮绿色，成熟后金黄色，果面光洁，皮较薄，果点较大，中多，分布均匀。果心小，果肉白色，肉质细脆，汁多，味特甜，香气浓，可溶性固形物含量13%，品质上等，可食率高。

树势强健，树形较开张。萌芽率和成枝率高，花芽易形成，腋花芽多，花芽圆锥形。以中短果枝结果为主，果台枝连续结果性好，枝梢较硬。1 年生枝绿色，有茸毛，皮孔椭圆形、较稀；多年生枝褐绿色，皮孔条形，稀少。幼叶绿色，平展内卷，有白色茸毛，叶缘锯齿细，锐尖，叶端渐尖，叶基圆形，叶色深而厚。花白色，花冠中大。果实发育期 120～125d。适于我国长江流域和黄河流域栽培，需肥要求高，宜选择立地条件好的地块栽培。对黑星病和轮纹病抗性强。

(8) 冀玉

河北省农林科学院石家庄果树研究所以雪花梨为母本、翠云梨为父本杂交选育而成。

果实椭圆形，平均单果重 260g。果面绿黄色，蜡质较厚，果皮较薄，光洁无锈，果点小。果心小，果肉白色，肉质细腻酥脆，汁液丰富，酸甜适口，并具芳香，石细胞少，可溶性固形物含量12.3%，常温下可贮藏 20d 以上。

树冠半圆形，树姿半开张；主干褐色，1 年生枝灰褐色，多呈弯曲生长，枝条密度大；皮孔小、密集，叶芽较小、离生。叶片椭圆形，幼叶红色，成熟叶深绿色，叶尖长、尾尖，叶基圆形，叶姿波浪形，叶缘细锯齿具刺芒。花芽圆锥形，颜色红褐色，每花序有花 6～8 朵，花冠白色，花药浅红色。栽植株行距以 3m×(4～5)m为宜，可与鸭梨、早冠等互为授粉品种。

(9) 冀蜜

河北省农林科学院石家庄果树研究所以雪花梨为母本、黄花梨为父本杂交选育而成。

果实椭圆形，个大，平均单果重 258g。果皮绿黄色，有光泽，较薄。果心小，果肉白色，肉质较细，石细胞和残渣含量少，松脆多汁，味甜，可溶性固形物含量 13.5%，品质极上等。果实 8 月下旬成熟，抗病性强，高抗黑星病。

树冠半圆形，树姿较开张，主干暗褐色，呈不规则纵裂。1 年生枝黄褐色，皮孔大，多圆形，芽小，斜生。叶片椭圆形，大而肥厚，反卷，叶尖渐尖，叶基心脏形，叶缘具毛齿，嫩叶浅红色，成熟叶暗褐色。花冠白色，花药浅紫色，每花序平均有花 7 朵。树势健壮，枝条粗壮，生长旺盛；萌芽率高（尤其幼树可达 90%），成枝力中等（2.6 个）；始果年龄早，一般栽培管理条件下定植后翌年即可有少部分植株结果，具早果特性；以短果枝结果为主，果台副梢连续结果能力强，并有腋花芽结果现象；自然授粉条件下，每花序平均坐果 2.8 个；无采前落果现象。

（10）黄冠

河北省农林科学院石家庄果树研究所以雪花梨为母本、新世纪为父本杂交选育而成。

果实椭圆形、端庄，果大、整齐，平均单果重 278.59，果面黄色，果点小，光洁无锈，果柄细长，酷似金冠苹果，外观品质明显优于早酥、雪花梨、二十世纪（水晶梨）等品种。果皮薄，果心小，果肉洁白、细腻，松脆多汁，石细胞及残渣少，酸甜适口且带蜜香，口感极好。可溶性固形物含量 11.6%，总糖、总酸、可溶性糖、维生素 C 含量分别为 9.376%、0.200 9%、8.07%、0.028mg/g，品质上等。8 月中旬成熟，自然条件下可贮藏 20d，冷藏条件下可贮藏至翌年 3～4 月。

树冠圆锥形，主干黑褐色。1 年生枝暗褐色，皮孔圆形，密度中等。芽体较尖，斜生。叶片渐尖，具刺毛齿，成熟叶呈暗绿色，嫩叶绛红色。花冠白色，花药浅紫色，一般每花序平均有 8 朵花。幼树健壮，枝条直立，多呈抱头状生长。萌芽率高，成枝力中等，剪口下一般可抽生 3 个 15cm 以上的枝条。始果年龄早，以短果枝结果为主，果台副梢连续结果能力较强，幼旺树腋花芽结果明显，自然授粉条件下每花序平均坐果 3.5 个，具有良好的丰产性能。

(11) 丰香梨

浙江省农业科学院园艺研究所以新世纪为母本、鸭梨为父本育成的早熟品种。

果实长圆锥形，果形指数 0.98，果肩突出，果形似元帅系苹果，有的果实具 1 条纵沟；果实大，平均单果重 280g，最大可达 360g，大小较均匀。果皮成熟前绿色，开始成熟后自阳面绿色减退，完熟后转为金黄色，酷似金帅苹果。果面较粗糙，果皮薄，果点较大而密，明显，具少许放射状梗锈。果皮蜡质、厚，有光泽。果心极小，果肉黄白色，半透明，石细胞极少，细嫩松脆，汁液多，可溶性固形物含量 12.3%～14.2%，果实硬度 5.5～8.8kg/cm² ；味浓甜，酸度极低，香味淡。果实 8 月中下旬成熟。

适应性强，抗寒，较抗旱，耐湿涝，抗病虫害能力强，未发现严重病虫危害现象。抗早春晚霜冻害能力强。对肥水条件要求较高，宜选择肥沃壤土或沙壤土建园，并注意施足底肥，授粉品种可选早绿、绿宝石等花期相近的品种。

(12) 黄花梨

浙江大学农业与生物技术学院以黄蜜为母本、三花为父本育成的中熟品种。

果实近圆形，果皮黄褐色，套袋后呈黄色，果面光滑，平均单果重 216g。果肉洁白、肉质细，石细胞少，脆嫩多汁，风味甜，具微香。可溶性固形物含量 11.4%，品质上等。浙江杭州地区 8 月中旬成熟。

树势较强，树姿半开张。萌芽率高，成枝力中等偏弱。以短果枝结果为主，间有腋花芽结果，果台连续结果能力中等，易形成短果枝群。适合长江流域及其以南砂梨产区种植，适应性较强，抗病力强。

(13) 中香梨

莱阳农学院（现青岛农业大学）园艺系以慈梨为母本、栖霞大香水为父本杂交选育出的中晚熟品种。

果实卵圆形，平均单果重 233g，果皮绿色，果面较粗糙，果点小而密，无果锈。果肉白色，疏脆，肉质细嫩，石细胞少，味甜多汁，可溶性固形物含量 12.6%。在山东泰安地区 9 月上旬成熟。

(14) 五九香

中国农业科学院果树研究所以鸭梨为母本、巴梨为父本杂交选育出的品种。

果实呈粗颈葫芦形，顶部略瘦，平均单果重 345g，最大可达751g。果皮绿黄色，果面光滑，向阳面有淡红色晕。果肉淡黄色，肉质中粗而脆，常温下存放 10d 左右肉质变软，汁液多，味酸甜，具芳香，可溶性固形物含量 13.3%～14.6%，品质上等。在山东泰安地区 8 月下旬至 9 月初成熟。

长势较强，萌芽率高，成枝力中等。以短果枝结果为主，果台副梢连续结果能力强，丰产、稳产。树冠紧凑，适合中度密植栽培，株行距为 2m×4m，可用酥梨等品种授粉，配置比例以 4∶1为宜。树形可采用自由纺锤形和小冠疏层形。产量高，必须加强肥水管理，应保证秋后施足基肥，抗寒性较强，较抗腐烂病，应注意防治食心虫及轮纹病。

(15) 玉露香

山西省农业科学院果树研究所以库尔勒香梨为母本、雪花梨为父本杂交选育的中熟品种。

果实近球形，平均单果重 236.8g，最大果重 450g。果面光洁细腻具蜡质，保水性强，阳面着红色晕或暗红色纵向条纹，采收时果皮黄绿色，贮后呈黄色，色泽更鲜艳。果皮薄，果心小，可食率高（90%）。果肉白色，酥脆，无渣，石细胞极少，汁液特多，味甜，具清香，口感极佳；可溶性固形物含量 12.5%～16.1%，总糖含量 8.7%～9.8%，总酸含量 0.08%～0.17%，品质极佳。果实 8 月底 9 月初成熟，耐贮藏，在自然土窑洞内可贮藏 4～6 个月，恒温冷库中可贮藏 6～8 个月。

幼树生长势强，结果后树势转中庸。萌芽率高（65.4%），成枝力中等，嫁接苗一般 3～4 年结果，高接树 2～3 年结果，易成花，坐果率高，丰产、稳产。树体适应性强，对土壤要求不严，抗腐烂病能力强于酥梨、鸭梨和香梨，次于雪花梨和慈梨；抗褐斑病能力与酥梨、雪花梨等相同，强于鸭梨、金花梨，次于香梨；抗白粉病能力强于酥梨、雪花梨；抗黑心病能力中等。主要虫害有梨木虱、黄粉虫、食心虫，注意防治。

(16) 八月红

陕西省果树研究所与中国农业科学院果树研究所合作育成，以早巴梨为母本、早酥为父本。

果实卵圆形，单果重 262g，果面平滑，果实底色黄色，阳面鲜红色，着色部分占 1/2 左右，色泽光艳。果点小而密。果心小，果肉乳白色，肉质细、脆，石细胞少，汁液多，味甜，香气浓。可溶性固形物含量 11.9%～15.3%，品质上等。耐贮性弱，最佳食用期 20d。在陕西杨凌地区 8 月中旬成熟。

树势强，树姿较开张，萌芽率 87.3%，成枝力中等。叶片椭圆形，嫩叶绿黄色。主干暗褐色，光滑，1 年生枝多直立、粗壮，红褐色。花白色，花药淡紫红色，每个花序有 6～8 朵花。定植后 3 年结果。各类果枝及腋花芽结果能力均强。果台副梢连续结果能力强。采前落果轻，丰产、稳产。高抗黑星病、轮纹病、腐烂病，较抗锈病和黑斑病；抗寒、抗旱，耐瘠薄。

(17) 山农脆

山东农业大学以黄金梨为母本、圆黄梨为父本于 2002 年杂交选育而成。

果实圆形或扁圆形，平均单果重 445.6g，最大单果重 800g。果皮淡黄褐色，果肉细、脆，白色，味甜，有香味，可溶性固形物含量 15.0%，品质上等。在山东冠县 8 月底至 9 月初果实成熟。

幼树生长势强，树姿较开张，有腋花芽结果特性。2～3 年生以上树以短果枝结果为主，早果性及丰产性强。1 年生枝黄褐色，皮孔大而密，浅褐色。叶片大而厚，卵圆形或长卵圆形，叶缘锯齿特大。适应性强，对肥水条件要求较高，喜沙壤土、黏壤土，瘠薄地不宜种植。建园时需配置白梨或砂梨系 2 个品种以上作为授粉树。

(18) 锦香

中国农业科学院果树研究所于 1956 年以巴梨为母本、南果梨为父本种间远缘杂交育成。

果实纺锤形，中大，平均单果重 130g。果皮黄绿色，熟后为全面绿黄色或橙黄色，有光泽，向阳面有红色晕，果面光洁，有蜡质，无果锈，果点小而中多。外观漂亮美观。果心大或中大。果肉白色或淡黄白色，柔软易溶于口，肉质韧，近果心处有少许石细胞，汁液多，可溶性固形物含量 13.73％，可溶性糖含量 11.1％，可滴定酸含量 0.38％，每 100g 果实含维生素 C 6.3mg，酸甜适口，风味浓厚，并具浓香，品质上等。在辽宁兴城地区 9 月上旬成熟。

树势中庸，树姿半开张，主干灰褐色。多年生枝黄褐色，光滑；1 年生枝红褐色。叶片卵圆形，浓绿色，嫩叶淡绿色。叶缘细锐锯齿具刺芒，叶尖渐尖，叶基圆形。花白色，花瓣圆形，平均每花序有 5.9 朵。3 年生时开始结果，以短果枝结果为主，连续结果能力强。采前落果轻，丰产性一般，稳产性好。具有较强的抗风性和抗寒性；抗黑星病和腐烂病，抗轮纹病性一般，对食心虫类抗性中等。

(19) 红月梨

辽宁省果树研究所以红茄梨为母本、苹果梨为父本杂交选育的红色梨品种。

果实圆锥形，平均单果重 245g，底色黄绿色，片红，阳面红色超过 60％，果面光滑，果点小，果皮薄，果心小；果肉白色，后熟，后熟后肉质细腻多汁，酸甜，微香，石细胞少，可溶性固形物含量 14.4％，总酸含量 0.34％，维生素 C 含量 0.024 8mg/g，品质优。8 月上中旬成熟。

幼树生长直立，叶芽贴生，叶片卵圆形。萌芽率低，成枝力中等，腋花芽较多。适合辽宁省辽阳以南地区栽培，栽植株行距为 3m×4m，树形采用疏散分层形。正常管理条件下，各种病虫害均可得到安全控制。

（20）红日梨

辽宁省果树研究所以红茄梨为母本、苹果梨为父本杂交选育的红色梨品种。

果实扁圆形，平均单果重 280g，最大可达 520g，从幼果期起果实阳面一直呈现红色，果面底色为绿黄色，果面 50% 以上着红色，片红，光滑，果点小、密。果肉白色，果心小。采收后 3～4d后熟，果肉细脆、多汁、酸甜，再经 2～3d 后果肉变软，石细胞少，微香。可溶性固形物含量 13.5%，可滴定酸含量 3.8g/L，维生素 C 含量 38.9mg/kg，品质上等。在辽宁营口地区果实 9 月上旬成熟。

树姿半开张，树干暗褐色，不光滑，树皮呈片状剥落。幼叶淡红色，成熟叶卵圆形。萌芽率高，成枝力中等。以每 667m² 种植67 株计算，4 年生果树产量达 562kg。正常管理条件下，各种病虫害均可得到安全控制。

（21）宁霞

南京农业大学梨工程技术研究中心以满天红为母本、丰水为父本杂交选育的早中熟红色砂梨新品种。2013 年通过江苏省农作物品种审定委员会审定。

果实扁圆形或近圆形，平均单果重 280g。果皮底色为绿色，阳面鲜红色。果肉白色，酥脆，石细胞少，果心小，汁液多，酸甜适宜，有香气，品质优。可溶性固形物含量 12.5%～13.5%，可滴定酸含量 0.35%。在江苏南京地区果实 8 月中旬成熟。

树势较强，树姿半开张，枝条直立性较强，结果后逐渐开张。萌芽率中等，成枝力强，叶片卵圆形，花冠白色，花芽易形成。长果枝结果能力较好，坐果率高。果实套袋后在成熟前 10～15d 摘袋，并摘除果实周围的叶片，促进通风透光，结合地面铺设发光膜，可促进果面着色。

（22）早白蜜

中国农业科学院郑州果树研究所以幸水为母本、火把梨为父本杂交育成。

果实卵圆形，平均单果重 250g。在河南省郑州市栽培，果皮绿黄色，套袋果白色；在云南省昆明市栽培，果实阳面有红色晕。果心中等偏小，果肉乳白色，肉质细脆，石细胞极少，风味甜，无涩味，品质上等。可溶性固形物含量 12.8%。在河南郑州地区果实 8 月上旬成熟，在云南昆明地区 7 月上旬成熟。

生长势中强，树冠纺锤形，树姿半开张，树干灰褐色。萌芽率高，成枝力中等，果台抽生能力强，以短果枝结果为主，果台枝连续坐果能力强。必须配置授粉树，可选用中梨 1 号、黄冠、翠冠、满天红等品种。树形宜采用自由纺锤形，果袋宜采用透光率低的双层纸袋，花后 30d 开始套袋。

(23) 清香

浙江省农业科学院园艺研究所以新世纪为母本、三花梨为父本杂交选育而成。

果实长圆形，平均单果重 280g，大果超过 580g。果皮黄褐色，果肉白色，肉质细嫩，味甜，多汁，可溶性固形物含量 11%。在浙江杭州地区 8 月上中旬成熟。

树势健壮，树姿较直立，多年生枝浅褐色。萌芽率高，成枝力较弱。长果枝和短果枝结果能力都很强，可以获得早期高产。适宜在长江中下游地区各地栽培。

(24) 中梨 2 号

中国农业科学院郑州果树研究所以栖霞大香水为母本、兴隆麻梨为父本杂交育成。2015 年通过河南省林木品种审定委员会审定。

果实近圆形，平均单果重 200g 左右。果面绿黄色，果点小而密。果肉淡黄白色，肉质细脆酥松，汁液多，石细胞少，风味纯正，甘甜具香味，可溶性固形物含量 12.3%，品质上等。果实成熟期为 8 月上旬。

树姿半开张，树冠为纺锤形。以短果枝结果为主，腋花芽较易形成，花量大，坐果率高，果台副梢一般每台 1～3 个，连续坐果能力强。无采前落果和大小年结果现象，丰产、稳产。适合密植，可采用 1.5m×4m 或 1.2m×3.5m 的株行距，细长纺锤形或圆柱形整形。可作为一个优良的中熟梨新品种在华北、西北及渤海湾地区推广种植。

(25) 冀硕

河北省农林科学院石家庄果树研究所以黄冠梨为母本、金花梨为父本杂交选育而成。

果实纺锤形，平均单果重 344g，果面绿黄色，光滑，具蜡质，套袋后果面呈乳黄色。果心小，果肉白色，质地细腻、脆，汁液多，石细胞及残渣少，风味甜；可溶性固形物含量 13.0%。在河北石家庄地区 8 月底果实成熟。

树姿较开张，树势强，主干褐色。萌芽率和成枝力中等，以短果枝结果为主，幼树腋花芽结果明显，连续结果能力中等。适应性广，对土壤要求不严格，耐高温多湿，干旱条件下无裂果发生。适宜在河北省石家庄、晋州、魏县及生态条件类似的地区栽培，可与黄冠、鸭梨互为授粉品种。果实套袋宜选用单层白蜡袋或外黄内白双层袋。

(26) 冀酥

河北省农林科学院石家庄果树研究所以黄冠梨为母本、金花梨为父本杂交选育而成。2013 年通过河北省林木品种审定委员会审定。

果实近圆形，平均单果重 325g。果皮绿黄色，光洁，果点小，果皮较薄，果肉白色，肉质细、松脆，汁液丰富，味酸甜，可溶性固形物含量 12.5%，石细胞及残渣少，品质上等。在河北石家庄地区 9 月初成熟。

树姿较开张，树形圆锥形，树势较强，主干树皮光滑。萌芽率低，成枝力中等。以短果枝结果为主，果台副梢连续结果能力较强。高抗黑星病。适应性强，适宜种植区域范围广，对土壤要求不严格，耐高温多湿，干旱条件下无裂果发生。栽植株行距以 3m×(4~5) m 为宜，可与鸭梨、早冠互为授粉树。

(27) 红酥脆

中国农业科学院郑州果树研究所以幸水为母本、火把梨为父本杂交育成。

果实卵圆形，平均单果重 260g。底色绿黄色，阳面具鲜红色晕。果心极小，果肉淡黄色，肉质酥脆，汁液特多，石细胞少或无，味甘甜、微酸爽口，稍有涩味，贮藏后涩味退去，具香气，可溶性固形物含量 14.5%～15.5%，最高可达 20%。在河南郑州地区 9 月上中旬成熟。

幼树长势较旺，进入结果期树势缓和，大量形成中短果枝。果台枝抽生能力中等，可连续结果。以短果枝结果为主，坐果率高，采前落果较轻，极丰产、稳产。可在砂梨分布区和部分白梨种植区栽培，尤其适于江南地区，可作为晚熟鲜食品种栽培，也可作为制汁加工良种发展。

(28) 岱酥梨

山东省果树研究所以黄金梨×砀山酥梨杂交选育的中熟新品种。

果实圆形，果形端正，无棱沟，平均单果重 353.5g；果皮底色黄色，果点较明显，果锈无或极少。果梗长 2.8cm，基部不膨大，直生；梗洼深度、广度中等；萼洼平滑，深度中等，广度广，萼片脱落。果心中位，大小中等，心室 5 个。果肉淡黄白色，细脆，汁液多，石细胞少，酸甜可口，风味浓，可溶性固形物含量 12.1%，可溶性糖含量 8.50%，可滴定酸含量 0.17%，维生素 C 含量 41.5mg/kg，硬度 6.2kg/cm^2，品质上等。在山东泰安地区 3 月中旬花芽开始萌动，4 月上旬盛花，8 月中旬果实成熟，果实发育期 120d 左右。坐果率高，丰产、稳产，无采前落果现象，改接后第三年平均产量达 17 200kg/hm^2。对黑星病、褐斑病、炭疽病等抗性较强。

树势较强，树姿开张，萌芽力高，成枝力中等。多年生枝褐色，1 年生枝黄褐色，皮孔数量中等，节间长 3.77cm。叶片平展，卵圆形，长 10.5cm，宽 7.9cm，叶背无茸毛，叶尖急尖，叶基宽楔形，叶缘具细锯齿，无托叶，无刺芒，无裂刻；叶芽斜生。每花序花朵数 5～9 朵，花瓣卵圆形，多为 5 瓣；花冠白色，直径

4.1cm，雄蕊 20～30 枚，花药紫红色，花粉量较大。

适宜山东及类似气候地区栽培。可选择黄冠、砀山酥梨等花期相近的品种作授粉树，配置比例为 4：1。综合防治病虫害，重点防治食心虫、梨木虱等。

3. 晚熟品种

(1) 美人酥

中国农业科学院郑州果树研究所以幸水梨为母本、火把梨为父本杂交育成。

果实卵圆形，单果重 275g，最大可达 500g。部分果柄基部肉质化。果面光亮洁净，底色黄绿色，几乎全面着鲜红色彩，外观像红色苹果。果肉乳白色，细嫩，酥脆多汁，风味酸甜适口，微有涩味，可溶性固形物含量 15.5%，最高可达 21.5%，总糖含量 9.96%，总酸含量 0.51%，每 100g 果实维生素 C 含量 7.22mg，品质上等，较耐贮运，贮后风味、口感更好。在河南郑州地区 9 月下旬成熟。

树冠呈圆锥形，树势健壮，枝条直立性强，结果后开张。叶片长卵圆形，深绿色，叶缘具细锐锯齿，具稀疏黄白色茸毛。每花序有花 9～10 朵，花药粉红色。幼树生长旺盛健壮，萌芽率 72%，成枝力中等。生理落果轻，结果早，种植后翌年即可结果，丰产性好。对黑星病、干腐病、早期落叶病和梨木虱、蚜虫有较强的抗性，抗晚霜，耐低温能力强。近几年来，在全国多种生态环境地区试种，均生长、结果良好，适宜于云南、贵州、四川高海拔地区和黄淮海平原地区栽培。

(2) 大南果

来自南果梨的大果芽变，由辽宁省农牧局、辽宁省果树研究所等单位共同选出。1990 年通过辽宁省农作物品种审定委员会审定。

果实扁圆形，果皮黄绿色，后熟后变黄色，阳面有红色晕。平均单果重 125.5g。果面光洁、平滑，有蜡质光泽，果点中大，外观较漂亮。果肉黄白色，肉质细腻，石细胞少，多汁，酸甜适口，风味浓厚，具浓香，可溶性固形物含量 12.56%，品质上等。

树势较强，树冠圆锥形，树姿半开张。主干光滑，灰褐色，多年生枝灰褐色，1 年生枝灰褐色。萌芽率高，发枝力中等；果台连续坐果能力弱，坐果率高。在辽宁鞍山地区 9 月上旬成熟。适于在辽宁抚顺、沈阳以南地区栽培，适应性较强，抗寒、抗旱、抗涝。抗病力较强，较抗黑星病、轮纹病和腐烂病。

(3) 锦丰梨

中国农业科学院果树研究所以苹果梨为母本、茌梨为父本杂交选育的优质晚熟、抗寒品种。

果实近圆形，平均单果重 280g，果皮黄绿色，果面平滑有蜡质光泽，果点大而明显；果肉白色，肉质细，松脆，汁液特多，风味浓郁，酸甜可口，微香，可溶性固形物含量 13%～15.7%，品质极上等。在辽宁锦州地区 9 月底 10 月初成熟，耐贮藏性极强。

树势强健，干性强，树冠开张，萌芽率、成枝力均较高，早果丰产性强。以短果枝结果为主，有腋花芽结果习性。抗寒性和抗黑星病能力强。土壤肥沃地区采用 3m×4m 的株行距。以早酥、鸭梨、苹果梨等作为授粉树，配置比例为 3∶1。

(4) 大慈梨

吉林省农业科学院果树研究所以大梨为母本、慈梨为父本杂交选育的优质晚熟品种。

果实长卵圆形或椭圆形，平均单果重 200g，最大可达 550g。果皮浅黄色，少数果面阳面有微红色晕，果点小而平，被较薄蜡质。果肉黄白色，质地细脆，味酸甜可口，有香气，可溶性固形物含量 13%～15%，品质上等。可做冻梨，肉质细腻，酸甜多汁，适口性极佳。在吉林地区果实 9 月下旬成熟。

树冠圆锥形，幼树较直立，生长势旺盛，萌芽率高，成枝力中等，进入结果期后自然开张。生长前期以长果枝结果，后变为以短果枝结果为主。土壤肥沃地区采用 3m×（3～5）m 的株行距。以南果梨、苹果梨等作为授粉树，配置比例为 3∶1 或 5∶1。

(5) 新慈香梨

山东农业大学以新梨 7 号为母本、慈梨为父本杂交选育的晚熟新品种，2015 年通过山东省农作物品种审定委员会审定。

果实圆形，果皮黄绿色，平均单果重 597g，最大可达 780g；果肉白色细腻，汁液多，味甜，香气独特，品质优良，果实可溶性固形物含量 13.5％左右。在山东冠县地区 9 月底成熟。

适宜在渤海湾及西部梨主产区栽植，可选择黄金、黄冠等品种作为授粉树。可采用株行距为（1～2）m×4m 的栽培密度。

(6) 寒酥梨

吉林省农业科学院果树研究所以大梨为母本、晋酥梨为父本杂交选育的抗寒品种。

果实圆形，较整齐，平均单果重 260g 左右，最大可达 540g，果皮绿色，果面光滑，果点不突出，无果锈。果心小，果肉白色，质地酥脆多汁，石细胞少，味酸甜，可溶性固形物含量 13.5％，品质上等。

树体强健，干性强，生长旺。树冠饱和，萌芽率中等，成枝力较强。以短果枝结果为主。抗寒性、抗病性强，高抗黑星病，果实不染轮纹病。在吉林地区 9 月下旬成熟。可采用小冠疏散分层形整形，幼树以轻剪为主，尽可能保留枝量，以获得早果丰产。授粉品种为苹果梨、寒露梨等，配置比例为 3：1 或 5：1。

(7) 雅青梨

浙江大学以鸭梨×杭青杂交选育而成。

果实广卵圆形，平均单果重 250～300g。果皮绿色，充分成熟后转黄绿色，果点小而稀，果皮光滑，外观美。果肉洁白，肉质细嫩而脆，汁多味甜，可溶性固形物含量 11.0％～12.5％，品质上等。果心小，可食率高，耐贮藏。果实成熟期 9 月中下旬。

树势强健，树姿半开张。主干灰褐色，1 年生枝淡褐色，叶椭圆形，花白色。萌芽力和发枝力强。花芽易形成，结果性能好，坐果率高，甚丰产。栽植时可采用 3m×3.5m、3m×4m 或 3.5m×4m 的株行距。海涂垦区土壤比较瘠薄，应采用中等密度栽植，株行距采用 2.5m×3m 或 3m×3m。树形可采用疏散分层形或多主枝自然圆头形，沿海地区风较大，还可采用矮干三主枝自然开心形或棚架栽培。

(8) 中华玉梨

中国农业科学院郑州果树研究所以栖霞达香水为母本、鸭梨为父本选育的晚熟品种。

果实呈粗颈葫芦形或卵圆形，平均单果重 280g，最大单果重 600g；果皮黄色，光滑，果点小而稀；果实套袋后外观洁白如玉，甚是漂亮；柄洼深狭，萼洼中深且广；萼片脱落；果心小，果肉乳白色，石细胞极少，汁液多，肉质细嫩松脆，甘甜爽口味浓；可溶性固性物含量 12%～13.5%。综合品质优于砀山酥梨和鸭梨。在河南郑州地区 9 月底或 10 月初成熟，并可延迟到 10 月底采收，无落果现象。

树势中庸，树姿半开张。1 年生枝顶端较细弱，易下垂，黄褐色，皮孔灰白色；多年生枝棕褐色。叶片卵圆形；叶芽中等大小、卵圆形，花芽肥大、心脏形。每花序花朵数 5～8 个，花冠白色。生长势中等，成枝力中等，萌芽率高。结果早，一般栽种后 3 年即可结果；5 年生树每株产量可达 30kg；以短果枝结果为主，中长果枝亦能结果，果台枝连续结果能力强；花序坐果率 89%，花朵坐果率 42%。自花结实率很低，需配植授粉树或人工辅助授粉方可结果。丰产、稳产，无大小年结果和采前落果现象发生。

(9) 晋酥梨

山西省农业科学院果树研究所以鸭梨为母本、金梨为父本杂交育成。

果实长圆形或卵圆形，平均单果重 200～250g，果皮黄色，薄，细而光洁；果心小，果肉白色，质地细嫩，松脆多汁，酸甜适口，味浓，可溶性固形物含量 11%～13.7%，品质上等。在山西太谷地区果实 9 月下旬成熟，较耐贮藏。

树姿半开张，枝条中密或较稀，3～5 年生枝黄褐至红褐色，1 年生枝黄褐色。叶芽较小，贴生或半离生，花芽中大。叶片浓绿，较大，较厚，卵形至阔卵形，两侧微向上卷，边缘弯曲呈浅波状。

叶缘锯齿中大。适应性及抗逆性较强,结果早,丰产、稳产。果型大,外观美,肉细松脆,汁液特多,较耐藏,风味稍淡,甜度不如晋蜜梨、酥梨等,但比鸭梨味浓。可在山西、陕西、云南、江苏等适栽区种植。

(10) 寒红梨

吉林省农业科学院果树研究所以南果梨为母本、晋酥梨为父本杂交选育的抗寒品种。

果实圆形,平均单果重 200g,最大可达 450g。果皮多蜡质,底色鲜黄,阳面艳红,外观美丽。果心中小,果肉质细、酥脆,多汁,石细胞少,酸甜味浓,具有一定的南果梨特有香气,可溶性固形物含量 14%～16%,品质上等。在吉林省中部地区 9 月下旬成熟。普通窖内可贮藏 6 个月以上。

树体强健,长势旺盛。树干灰褐色,多年生枝暗褐色,表面光滑,1 年生枝黄褐色。叶片长椭圆形,叶尖渐尖,叶基圆形。花白色,花粉量大,每花序有 7～8 朵花。萌芽率较高,成枝力中等。初果期以长果枝结果为主,短果枝次之,中果枝和腋花芽也有结果;进入丰产期以短果枝结果为主。自花结实率低,生产上必须配置授粉树,适宜授粉品种为苹香梨、金香水等。果园应建在地势较高地方,以利于果实着色和提高树体抗低温性。

(11) 新梨 1 号

新疆生产建设兵团第二师农业科学研究所以香梨为母本、砀山酥梨为父本杂交育成。

果实椭圆形或倒卵形,平均单果重 200g,最大可达 300g 以上。底色绿色,阳面覆红色晕,果点小、密、半隐。果肉乳白色,质细,酥脆,汁液多,石细胞少,风味浓甜,微香,可溶性固形物含量 13%～14%,品质上等。9 月中旬成熟,比香梨早熟 10～15d,耐贮藏,抗寒性强。

幼树长势强旺,树姿较开张,萌芽力强,成枝力中等,1 年生枝条粗壮,树皮褐黄色,皮孔椭圆形,稍稀,灰白色,大,微凸,嫩梢茸毛少。叶芽中大,钝三角形,花芽圆锥形。叶片阔卵圆形,大而肥厚，叶色深绿，叶面平展或微抱合，叶基圆形，叶尖渐尖，叶缘锯齿刺芒状。以短果枝结果为主。

喜深厚肥沃的沙质壤土，对肥水要求较高。幼树修剪以轻剪长放为主，骨干枝延长枝剪留长度应在 60cm 以上，辅养枝长放加拉枝、扭枝等措施；结果后逐渐回缩，培养成各类结果枝组。因其枝条质脆易折，撑、拉开角宜在夏季进行。进入盛果期后，应加强水肥管理，及时更新复壮，促发中长枝，适量留果，以防早衰。加强红蜘蛛的防治，减少青头病的发生。

（12）新梨 6 号

新疆库尔勒市新疆生产建设兵团第二师农业科学研究所以库尔勒香梨为母本、苹果梨为父本杂交选育的抗寒、早果、丰产的优良品种。

果实扁圆形，平均单果重 191g，最大可达 296g。果皮底色青黄，阳面有紫红色晕，果皮薄。果肉乳白色，肉质松脆，汁液多，风味酸甜适口，可溶性固形物含量 13.9%，品质上等。果实 9 月中旬成熟，较耐贮藏。

树冠自然圆锥形，树姿较开张。幼树生长健旺，多年生枝灰褐色，1 年生枝青灰色，枝条形态微曲，着生姿态平斜。叶片卵圆形或椭圆形，叶片肥厚，叶色深绿，叶面多褶皱。以短果枝结果为主。在自然状态下极易成花，坐果率高，花序坐果率在 60% 以上，平均每花序坐果 2.6 个。修剪上要适当加大层间距（1.5～1.8m），冬剪时合理留枝、留花，盛果期注意结果枝更新，抬高枝条角度，以保证每年有健壮的结果枝，并加强肥水管理，防止树势衰弱。

（13）红香酥

郑州果树研究所以香梨为母本、鹅梨为父本杂交育成的红皮梨优系。

果实长卵圆形或纺锤形，平均单果重 160g，最大可达 240g，个别果实萼端突起，果面 2/3 鲜红色，果皮光滑，蜡质多。果肉白色，肉质较细，酥脆，石细胞少，汁液多，香甜味浓，可溶性固形物含量 13%～14%，品质极上等。在河南郑州地区 9 月中旬成熟，果实耐贮。

树势中庸，树形较开张。萌芽力强，成枝力中等。嫩枝黄褐色，老枝棕褐色，皮孔较大，突出，卵圆形。叶芽细圆锥形，花芽圆锥形。叶片卵圆形，叶片深绿色，平展，叶缘具细锯齿且整齐，叶基圆形。以短果枝结果为主，花序坐果率较高，为89％。高接树翌年即开始结果，采前落果不明显。生长势中庸，树姿较开张，坐果率高，适应性强而易于栽培管理，凡能种植库尔勒香梨的产区均可栽培。沙荒薄地及灌溉条件差的地区可密植。该品种自花不实，需配置授粉树，以砀山酥梨、雪花梨或库尔勒香梨作为授粉树较好。

(14) 冬蜜梨

黑龙江省农业科学院园艺分院以龙香梨为母本、混合花粉为父本杂交育成的鲜食冻藏兼用的新品种。

果实圆形，平均单果重140g，最大可达343g，果实大小较整齐，果皮棕黄色，较薄，果点中大且多。果肉乳白色，肉质细软，石细胞少，汁液中多，酸甜适口，风味浓，可溶性固形物含量14.23％，品质上等。在黑龙江哈尔滨地区9月末果实成熟，鲜食最佳食用期在10月末，可贮藏3～4个月，耐运输。适于冻藏，冻藏后表皮黑褐色，果肉细软多汁，易溶于口，甜酸适度。

树姿半开张，主干及多年生枝黄褐色，光滑，分枝较密。1年生枝红棕色，无茸毛，蜡质少，枝条较直，皮孔小，长圆形，灰色。叶片长圆形，深绿色，叶尖渐尖，叶缘钝，叶基较窄，单锯齿，中大，叶柄浅绿色。每花序有5～9朵花，花蕾淡粉色，花冠中大，花瓣白色，花药紫色，大而饱满，花粉较多。

砧木选山梨作基砧，在高寒地区以高接为主，在黑龙江省南部及其以南地区可适当低接栽培。授粉品种以晚香梨、脆香梨等品种为宜，主栽品种与授粉品种的配置比例为（3～5）∶1。

(15) 龙园洋红

黑龙江省农业科学院园艺分院以56-5-20为母本、乔玛为父本杂交选育的抗寒品种。

果实为不规则短葫芦形，单果重 186g，果皮浅黄色，阳面有红色晕，果点中小、中多。果心较小，果肉乳白色，肉质细，石细胞中多、小，后熟果肉变软，汁液多，风味甜，有香气，可溶性固形物含量 16.05%，品质上等。在黑龙江哈尔滨地区 9 月中旬成熟。

树势强，树姿开张。主干灰褐色，多年生枝深灰色，1 年生枝黑灰色。叶片卵圆形。花白色，花蕾粉红色，花粉极少。萌芽力、成枝力强。以短果枝结果为主。抗寒性强，可抗 −38℃ 低温，在黑龙江中部以南地区均可栽培。抗病、抗红蜘蛛能力强。寒冷地区应以山梨为砧木，需搭配晚香、冬蜜等品种作为授粉树。

（16）满天红

中国农业科学院郑州果树研究所以幸水梨为母本、火把梨为父本杂交育成。

果实近圆形，平均单果重 280g。果实阳面着鲜红色晕，占 2/3。果点大且多。果心极小，果肉淡黄白色，肉质细，酥脆化渣，汁液多，无石细胞或很少，风味酸甜可口，香气浓郁，可溶性固形物含量 13.5%～15.5%，品质上等。较耐贮运，贮后风味、口感更好。在河南郑州地区 9 月下旬成熟。

树姿直立，干性强，枝干棕灰色，较光滑，1 年生枝红褐色。嫩梢具黄白色毛，幼叶棕红色，两面均有毛。叶阔卵形，浓绿色。每花序有花 7～10 朵，花冠初开放时粉红色，花药深红色。幼树生长势强旺，萌芽率 78%，成枝力中等。结果较早，当年生枝极易形成顶花芽和腋花芽，以短果枝结果为主。丰产、稳产，大小年结果和采前落果现象不明显。对黑星病、干腐病、早期落叶病和梨木虱、蚜虫有较强的抗性，抗晚霜，耐低温能力强。

（17）秦酥

陕西省果树研究所选育的优良晚熟耐贮新品种。母本为砀山酥梨，父本为黄县长把梨。

果实近圆柱形，果实大，平均单果重 286g，最大可达 725g。果实绿黄色，果面平滑，蜡质少，果点密、中大。果梗长，先端木质，梗洼深，中广，梗洼有锈，似金盖。萼片脱落，弯洼深。果心小，果肉白色，质地细而松脆，石细胞少，汁多味甜，外观好，可溶性固形物含量 12.2%，品质上等。在陕西杨凌地区 10 月初成熟。果实最佳食用期极长，极耐贮藏，可贮至翌年 5 月。

树势强，树姿半开张，圆锥形。主干灰褐色，光滑。1 年生枝暗褐色。叶片圆形，暗绿色，叶缘具锐锯齿。每花序有 5～6 朵花，花冠白色。萌芽率 71%，成枝力高，一般剪口下抽生 3 条长枝。开始结果年龄较晚，5～6 年生开始结果，幼树以中长果枝及腋花芽结果为主，成龄树以短果枝结果为主，腋花芽结果能力强，约占 28%。果台副梢连续结果能力弱，花序和花朵坐果率均高。采前落果轻，丰产，但管理不善易出现大小年结果现象。授粉品种为砀山酥梨、雪花梨、早酥梨。

（18）晋蜜

山西省农业科学院果树研究所以酥梨为母本、猪嘴梨为父本杂交育成。

果实卵形至椭圆形，平均单果重 230g，最大可达 480g。果皮绿黄色，贮后黄色，具蜡质，果点中大，较密，肩部果点较大较稀。果梗长 3～4cm，梗洼中大、中深。有的肩部一侧有小突起。萼片脱落或宿存，脱萼者萼洼较深广，宿萼者萼洼中大，较浅。套袋果实较白净美观。果心小，果肉白色，细脆，石细胞少，汁液多，味浓甜，具香气。9 月下旬采收的果实可溶性固形物含量 12.2%～16%。品质上等或极上等。果实耐贮运，贮后蜡质增厚、香气变浓，风味有所增加，在土窑洞内可贮至翌年 5 月。最适食用期为 10 月至翌年 4 月。

树姿较直立，生长势强。1 年生枝绿褐至紫褐色，2～3 年生枝红褐色至灰褐色。叶芽较小，花芽短圆锥形，较小。叶片浓绿，较厚，卵形至阔卵形，先端渐尖或尾尖，基部近圆形至心形。有的叶柄阳面有红色晕，嫩梢及幼叶暗红色。花蕾及初开花的花瓣边缘红色，每花序有 5～8 朵花，花较大，花瓣近圆形至扁圆形，花瓣间重叠。萌芽率高（70.7%），幼树成枝力中等，大量结果后成枝力减弱。嫁接苗 4～5 年结果，经甩放拉枝处理的树 3 年生即可结果。

以短果枝结果为主，结果初期，部分中长果枝也结果。果台连续结果能力弱，多为隔年结果，但不同的枝组间可交替结果，果枝健壮。如坐果过多、管理不当，会形成大小年结果现象。无采前落果现象。较耐旱，较耐寒，抗寒性较酥梨强。有的年份易受梨黄粉蚜为害。

（19）晚香

黑龙江省农业科学院园艺分院育成，亲本为乔玛×大冬果。

果实近圆形，平均单果重 180g，最大可达 400g。果面浅黄绿色，贮后正黄色。果皮中厚，蜡质少，有光泽，无果锈。果点中大。果心圆形，果心小。果肉白色，果肉脆，果质较细，石细胞少且小，果汁多，可溶性固形物含量 12.10%，品质中上等。9 月末成熟，可贮藏 5 个月，最佳食用期为 10 月末至 11 月初。适于冻藏，经冻藏后不皱皮，果面油黑色，果肉洁白，多汁，风味鲜美。适于加工罐头。

树冠圆锥形，树姿半开张，主干及多年生枝深褐色，光滑，1年生枝条棕褐色。叶片长卵圆形，深绿色，嫩叶黄绿色，叶缘平展，单锯齿，叶尖缓尖，叶基阔圆。花冠中大，花蕾淡粉色，花瓣白色。平均每花序有 5～8 朵花，花药紫红色，花粉较多。生长势强，萌芽率高，成枝力强。低接幼树第三年开始结果，以短果枝结果为主。果台抽生能力强。无采前落果现象，丰产、稳产。抗寒能力强，抗腐烂病能力强，抗黑星病能力中等。

（20）硕丰

陕西省农业科学院果树研究所以苹果梨为母本、砀山酥梨为父本杂交育成。

果实近圆形或阔倒卵形，平均单果重 250g，最大可达 600g。果面光洁，具蜡质，果皮绿黄色，具红色晕，果点细密，淡褐色；果肉白色，质细松脆，石细胞少，汁液特多，酸甜适口，具香气，可溶性固形物含量 12.0%～14.0%，可溶性糖含量 8.36%～10.56%，可滴定酸含量 0.102%～0.170%，品质上等。在山西晋中地区果实 9 月初成熟，耐贮藏。

树体生长势较强，树姿较开张。易成花，结果早。结果初期，以中长果枝结果较多，大量结果后，以短果枝结果为主，腋花芽结果能力较强，丰产、稳产。较抗寒，适应性广。授粉品种为苹果梨、鸭梨、雪花梨、晋蜜梨、锦丰梨等。

(21) 新梨 4 号

新疆生产建设兵团第七师农业科学研究所于 1975 年以大香水为母本、苹果梨为父本杂交育成。

果实中型，长卵圆形，单果平均重 158g，最大可达 182g，大小整齐。果面光滑，底色绿黄色，覆鲜红色晕，外观美丽。果皮厚，果点中大而密，灰白色，凹入。梗洼中深、中广，波状，有肉瘤。果心小，果肉白色，肉质中粗而脆，致密，汁液中等，酸甜味浓，可溶性固形物含量 14％，总酸含量 0.23％，品质上等。较耐贮藏，在一般条件下可贮存到翌年 1～2 月。果实 9 月下旬成熟。

幼树树势较强旺，成龄树开张，主枝角度 70°。树干灰色，表面粗糙，树皮纵裂，多年生枝灰色，1 年生枝浅褐色。新梢粗壮，直立或斜生，枝质较硬。嫩梢绿黄色，茸毛多。叶片卵圆形，叶面绿色，叶背灰绿色，叶片形状和颜色颇似苹果叶片。花冠中等大小，花瓣扁圆形，白色，花药紫红色，花粉量多。

成龄树树势中庸，萌芽力 92.9％。成枝力中等，延长枝剪口下抽生 3 个长枝。嫁接苗 5 年生开始结果，高接树高接后第三年开始结果，成龄树主要结果枝为短果枝，生理落果轻，采前基本不落果。抗寒性较强，较抗腐烂病，蚜虫发生较少，不抗食心虫。

(22) 寒露梨

吉林省农业科学院果树研究所以延边大香水为母本、杭青为父本种间杂交选育而成的抗寒梨新品种。

果实黄绿色，短圆锥形，平均单果重 220g，最大可达 320g。果心较小，果肉白色，肉质酥脆，多汁，酸甜，石细胞少，有香气，可溶性固形物含量 14％、可溶性糖含量 9.01％、可滴定酸含量 0.20％，每 100g 果实含维生素 C 0.68mg，品质上等。在吉林中部地区 9 月中下旬果实成熟。

树势中庸，干性弱，较开张。萌芽率中等，成枝力较强。叶片长椭圆形。花冠中大，花药粉红色，花粉量大。以短果枝结果为主，果台连续结果能力强，大小年结果现象不明显。抗寒能力较强，抗黑星病和轮纹病能力强。适宜在吉林省中南部、黑龙江省牡丹江、辽宁中西部等年平均气温≥5℃的地区引种栽植。株行距为 3m×4m 或 4m×5m。以苹香梨、寒红梨为授粉树，配置比例为 3：1 或 5：1。加强肥水管理和桃小食心虫防治。幼树上冻前灌封冻水，进行树干涂白防日烧、埋土堆防寒处理。

(23) 玉酥

山西省农业科学院果树研究所以砀山酥梨为母本、猪嘴梨为父本杂交育成。

果实长卵圆形，平均单果重 348g。果皮黄白色，果面光洁具蜡质，果点不显著。果皮中厚，果肉白色，肉质细，松脆，汁液多，味甜，可溶性固形物含量 11%～13%。在山西晋中地区 9 月下旬成熟。

幼树生长势强，大量结果后树势转中庸。树姿开张，树冠圆头形。萌芽率、成枝力中等偏弱，枝条长放后易形成串短枝。在山西忻州地区以南及白梨适栽区均可种植。适应性强，对土壤要求不严，宜采用株行距为（2～3）m×（4～5）m 的栽培密度，树形采用自由纺锤形或疏散分层形。

(24) 盘古香

河南农业大学园艺学院从河南地方品种中筛选的优良晚熟新品种。2013 年通过河南省林木品种审定委员会审定。

果实瓢形，平均单果重 298.7g，果面黄色，果肉白色，肉质酥脆多汁，香气浓，石细胞中等，可溶性固形物含量 15.0%，品质上等。果实极耐贮藏。在河南驻马店地区 9 月中下旬成熟。

幼树生长势较强，盛果期树势中庸。树姿开张，树冠圆头形。在河南梨适宜栽培地区适应性良好。易成花，连续结果后树势易衰弱，应及时更新结果枝组。

(25) 新萍梨

辽宁省果树研究所自苹果梨实生后代中选出的优质、晚熟新品种。

果实卵圆形，平均单果重 357g，果面黄绿色，果点较大。果肉白色，果心小，石细胞少，果肉酥脆多汁，可溶性固形物含量11.85%。在辽宁熊岳地区 9 月底成熟。果实极耐贮藏，常温下可贮存至翌年 5 月中旬，贮后风味更佳。

树姿较直立。生长势较强，萌芽率高，成枝力强，以短果枝结果为主，果台连续结果能力较差。采前不落果，大小年结果现象不明显。可选用苹果梨、朝鲜洋梨作为授粉树。树形宜采用自然纺锤形，适于密植栽培，株行距以 2m×4m 为宜。高抗黑星病和黑斑病，生产中以防止轮纹病和食心虫类害虫为主。适应性广，可在辽宁铁岭及山东、山西、河北等地种植。

(26) 红香蜜

中国农业科学院郑州果树研究所以库尔勒香梨为母本、郑州鹅梨为父本杂交育成。

果实近长圆形或倒卵圆形，平均单果重 235g，底色黄绿色，阳面具鲜红色晕。果面光洁，无果锈，果点明显，较大。果心小，果肉乳白色，肉质酥脆细嫩，石细胞少，汁液多，可溶性固形物含量 13.5%~14.0%。在河南郑州地区 9 月上旬成熟。

树姿较开张，树冠近圆形或披散形。幼树生长旺盛，直立性强。以中短果枝结果为主，抽生果台枝能力中等，果台枝连续结果能力不强。采前落果不明显，较丰产、稳产。抗逆性强，高抗黑星病、锈病，很少出现食心虫为害。果实近成熟期时易受鸟类和金龟子为害。

(27) 金花梨

原产四川省金川县沙耳乡孟家河坝，是金川雪梨中选出的优良单株。

果实大，果实倒卵圆形或圆形，平均单果重 300g，最大可达600g；果皮绿黄色，贮后金黄色，且具光泽；果面不太平滑，有蜡质，果点小而密，大小不均匀；梗洼狭而深，少数有锈斑，果梗中粗；果皮薄，果心小，果心线不明显；果肉白色，质地细脆，汁多味甜，具香气，可溶性固形物含量 12.0%～15.0%，总糖含量 8.0%，总酸含量 0.15%；果形美，品质优，耐贮运。抗风力强，采前落果少。在华北 9 月中下旬成熟。结果早，定植后第四年开始结果。

树势强壮，生长旺盛，树姿半开张。萌芽力强，成枝力中等。以短果枝结果为主，花序坐果率高，丰产、稳产。适应性较强，较耐寒、耐湿，抗旱力较强，易受金龟子为害。

（28）鸭梨

原产于河北省，是我国古老梨优良品种。分布较广，为华北地区主栽品种之一。

果实中大，绿黄色，贮后黄色，倒卵圆形或短葫芦形，果肩一侧具鸭嘴状突起，平均单果重 160～200g。果面平滑，果点小。果肉白色，肉质细脆，汁液多，可溶性固形物含量 11%～13.8%，具香气，石细胞少，品质上等。9 月下旬成熟，耐贮性强，一般可贮至翌年 2～3 月。

树势中庸，枝条萌芽力中等，成枝力低。幼树结果早，一般 3～4 年生开始结果，以短枝结果为主，丰产、稳产。适应性较强，宜在干燥冷凉地区栽培；抗寒性弱，花芽易受冻；抗病虫能力弱。

（29）茌梨

又名莱阳慈梨，俗称莱阳梨。是我国著名良种，原产于山东茌平。

果实大，整齐度差，未掐萼者呈卵圆形至纺锤形，掐萼者果实顶部膨大而呈倒卵形、短瓢形；平均单果重 250g；果皮绿色，贮后黄绿色；果点大而多，褐色，果面粗糙；果肉白色，极脆嫩，可溶性固形物含量 13%～15.3%，味浓甜，具微香，品质极上等。9 月中下旬成熟，果实贮藏性差。

树势中庸，树冠开张。枝条萌芽力、成枝力中等。开始结果年龄较晚，一般定植后 5～6 年开始结果，以短枝结果为主，连续结果能力强，腋花芽及中长果枝结果能力强。抗寒性较弱，抗旱力差，不抗涝。

（30）砀山酥梨

又称酥梨、砀山梨。是我国古老梨优良品种之一。原产于安徽砀山，分布于华北、西北、黄河故道地区。

果实长圆形，平均单果重260～270g；果皮黄绿色，贮后黄白色；果皮光滑，果点小而密；果肉白色，肉质中粗，酥脆，汁液多，石细胞中多，味甜，具香气，可溶性固形物含量11%～14%，品质上等。9月中下旬成熟，较耐贮藏。

树势生长中等偏强。枝条萌芽力强，成枝力中等。3～4年生开始结果，坐果率高，以短果枝结果为主，中长果枝及腋花芽结果少。果台可抽生1～2个副梢，连续结果能力差，结果部位易外移。较丰产、稳产。适应性强，抗寒性中等，抗旱力强，耐涝性较强，抗黑星病、腐烂病能力较弱，受食心虫和黄粉虫为害较重，对肥水要求较高。

（31）雪花梨

为白梨系统品种，原产河北赵县、定县一带，是华北地区栽培的著名大果型优良品种。

果实大，一般单果重250～300g，最大可达1 000g左右。果实长卵圆形或椭圆形，果皮厚，绿黄色，果面稍粗，果点小，贮后果皮金黄色，外形美观。果肉白色，质脆稍粗，多汁，味甜，可溶性固形物含量12%，总糖含量6.9%，总酸含量0.08%，口感甘甜，具香气，品质上等。山东西北部、河北中南部9月中旬成熟，较耐贮运。

树势较强，幼树生长健壮，枝条角度小，树冠扩大较慢，3～4年生开始结果。枝条发枝力、萌芽力中等，幼龄树以中长果枝结果，成龄树以短果枝结果为主，中长果枝及腋花芽也有结果能力。果枝连续结果能力差，结果部位易外移，易形成大小年结果现象。花序坐果率较低，多坐单果，采前落果较重，特别是采前遇风落果重。雪花梨自花不结实，茌梨、香水梨、锦丰梨也可作为授粉树。

雪花梨适应性较广,喜肥沃深厚的沙壤土,以沙地果实品质优良。抗寒性中等,抗旱力较强,抗风力较差,易感黑星病,虫害也稍重。

(32)黄县长把梨

又名天生梨、大把梨,为白梨系统品种,原产山东龙口市。

果实倒阔卵形,果实中大,单果重200g。果皮黄色、梗洼无锈。果皮中厚,蜡质多,果点小,果实外形美观。果梗长为主要特征。果肉白色,质脆稍粗,汁中多,微香,可溶性固形物含量12.0%~14.0%,口感偏酸,刚采收时较酸,贮藏后酸味变小,风味得到改善,品质中等。在胶东半岛9月下旬至10月上旬成熟,在山东内陆地区成熟期提前到9月中旬。极耐贮藏,在胶东普通窖藏可至翌年5月。

幼树生长直立,萌发力强,成枝力较弱,树冠中枝叶较为稀疏,适宜密植栽培。中短枝比例高,以短果枝结果为主。一般3~4年生开始结果,果台易抽生短果台枝,形成短果枝群,中期产量增长快,初盛果期产量常可超过其他品种,具有丰产潜力。树势易衰弱,应注意疏果,并多短截促生枝条,复壮树势。花序坐果率高,应注意疏果,防止大小年结果现象。自花不结实,适宜授粉品种有香水梨、茌梨、鸭梨等。耐涝,抗寒性较差,抗旱力较强,抗风力较强,易感黑星病,抗药力强。适宜山地栽培,在河滩地及平地栽培树势健壮,丰产性也好。由于坐果多、丰产,要求肥水充足,否则树势衰弱。虫害较轻,但结果多时,食心虫为害重。

(33)栖霞大香水梨

为白梨系统品种,原产山东栖霞市,又名南宫祠梨。

果实长圆形或倒卵形,果实中大,一般单果重200g左右。果皮绿色,贮后转黄绿色或黄色,果皮薄,果点小而密,较美观。果面有时生水锈,影响商品质量。果肉白色,肉质松脆但稍粗,汁多,味甜微酸,具香气,石细胞较少,可溶性固形物含量13.0%~14.0%、总糖含量8.0%、总酸含量0.3%,口感偏酸,品质中等。在胶东梨区果实9月下旬成熟。耐贮性强,普通窖藏可贮至翌年 3 月底。

树势中等，生长旺盛，树姿较开张。幼树生长健壮，发枝力较强；幼树半开张，枝量增长快，易形成中短枝及中短枝花芽；幼树结果较早，果台枝抽生能力强，在枝条稀疏时易连续成花结果。成龄树丰产性强，花序坐果率高，注意疏花、疏果，合理负载。适宜的授粉品种有茌梨、鸭梨等。适应性较强。在冬季气温较低的华北平原、胶东半岛常发生花芽、枝干冻害。抗旱性稍差，对立地栽培条件要求严，适宜沙壤土栽培。山地旱园、粗沙地、盐碱地树势弱、果实小，易发生缩果病。抗黑星病，轮纹病危害较重。

(34) 库尔勒香梨

主要产于新疆巴音郭楞蒙古自治州和阿克苏地区，为新疆地区最优良的梨品种之一。

果实中大，平均单果重 104～120g，纺锤形或倒卵形。果皮绿黄色，阳面有红色晕，果点极小，果皮薄。近梗洼处肥大，梗洼窄、浅，5 棱突出，萼片脱落或残存。果心较大，果肉白色，肉质细、松脆，汁液多，味甜，具清香，果实成熟时整个梨园香气甚浓。

树冠圆头形，树姿半开张，主干灰褐色，表皮粗糙、纵裂。植株生长势强，萌芽力中等，发枝力强，苗木定植后第四年开始结果，以短果枝结果为主（约占 73%），腋花芽和中长果枝结果能力亦强。丰产、稳产。4 月上旬花芽萌动，4 月下旬至 5 月上旬开花，9 月下旬果实成熟，11 月上旬落叶。果实发育期 135d，营养生长天数 210d。授粉品种可选用鸭梨、砀山酥梨等。

（二）国外优良梨品种

1. 早生黄金

韩国以新高为母本、新兴为父本杂交选育的早熟品种。

果实圆形，平均单果重 258g，果皮黄绿色，果肉白色，肉质细、酥脆，石细胞少，汁液多，味甜，可溶性固形物含量 11.3%，品质中上等。在湖北武汉地区 7 月下旬成熟。

树势较强，树姿半开张。萌芽率中等，成枝力中等。早果，成苗定植第三年开始结果。适应性强，抗逆性较强，南北梨产区均可种植。授粉品种为幸水。幼树可适度重剪，疏除细弱枝，注意培养骨干枝。成龄树适度中剪，促发新枝，及时更新结果枝组。

2. 黄金

韩国农村振兴厅园艺研究所选育，母本为新高，父本为二十世纪，于 1984 年育成。

果实圆形，果形端正，果肩平，单果重 430g。果皮黄绿色，贮藏后变为金黄色，套袋果黄白色，果面光洁，无果锈，果点小且均匀。果心小，果肉白色，肉质细嫩，石细胞及残渣少，汁液多，味甜，具清香，可溶性固形物含量 14.9%，品质上等。在 1～5℃条件下，果实可贮藏 6 个月左右。在山东泰安地区 8 月下旬成熟。

树势强，树姿半开张。主干暗褐色，1 年生枝绿褐色。叶片大而厚，卵圆形或长圆形；叶缘锯齿锐而密，嫩梢叶片黄绿色，这是区别其他品种的重要标志。花器发育不完全，花粉量极少，花粉败育，需配置授粉树。幼树生长势强，萌芽率低，成枝力较弱，有腋花芽结果特性，易形成短果枝和腋花芽，果台较大，不易抽生果台副梢，连续结果能力差。甩放是促进花芽形成的良好措施，1 年生枝甩放，其叶芽大部分可形成花芽，但两年甩放树势极易衰弱，要注意更新修剪。对肥水条件要求较高，进入结果期后，需保证肥水供应。果实、叶片抗黑星病、黑斑病。

3. 鲜黄梨

韩国农村振兴厅园艺研究所以新高为母本、晚三吉为父本杂交育成的早熟品种。

果实圆形或扁圆形，单果重 400g，果皮鲜黄色，果心小，果肉细，石细胞少，汁液多，品质上等。在河南地区 8 月上旬成熟，常温下可贮存 1 个月，冷藏可贮存 5 个月以上。

树势很强，树姿半开张。短果枝形成和维持性一般，徒长枝较多。花粉量多，可用作授粉树。树势强，不宜使用过多氮肥。黑斑病抗性强，黑星病抗性弱。

4. 丰水

日本农林水产省园艺试验场于1972年命名的优质大果褐皮砂梨品种。母本为幸水，父本为石井早生×二十世纪。

果实圆形或近圆形，单果重253g，最大可达530g。果皮黄褐色，果点大而多。果肉白色，肉质细，酥脆，汁液多，味甜，可溶性固形物含量13.6%，品质上等。在山东泰安地区8月下旬成熟。

树冠纺锤形，树势中庸，树姿半开张。萌芽力强，成枝力较弱。幼树生长势旺盛，进入盛果期后树势趋向中庸。以短果枝结果为主，中长果枝及腋花芽较多，花芽易形成，果台副梢抽枝能力强，连续结果能力强。适应性较强，抗黑星病、黑斑病，成龄树干易感染轮纹病。盛果期应加强肥水管理，预防树势早衰。

5. 若光

日本千叶县农业试验场以新水为母本、丰水为父本杂交选育而成。

果实近圆形，平均单果重320g，果皮黄褐色，果面光洁，果点小而稀，无果锈。果心小，石细胞少，汁液多，味甜，可溶性固形物含量11.6%~13.0%，品质上等。在江苏南京地区7月中旬成熟，采前落果不明显。

树势较强，树姿开张。成枝力较弱，幼树生长势强，萌芽率高，易成花。短果枝及腋花芽结果，连续结果能力强，结果枝易衰弱，需及时更新。抗性较强，抗寒性好，抗旱、抗涝，对黑星病、黑斑病有较强的抗性。

6. 华山

韩国农村振兴厅园艺研究所以丰水为母本、晚三吉为父本杂交选育而成。

果实圆形或扁圆形,果皮黄褐色,单果重543g,果肉白色,肉质细,松脆,汁液多,味甜,可溶性固形物含量12.9%,品质上等。9月下旬至10月上旬成熟。常温下可贮藏20d左右,冷藏可贮存6个月。

树势强,树姿开张。萌芽率高,成枝力中等。以中短果枝结果为主,腋花芽可结果。短果枝易形成,要不断更新修剪新枝条。高抗黑斑病,对黑星病抗性较弱。花粉量大,可作为授粉树。

7. 满丰

韩国园艺研究所以丰水为母本、晚三吉为父本杂交育成。

果实扁圆形,单果重550~770g。果皮浅黄褐色,果面光滑,有光泽,果肉细嫩多汁,酸甜可口,可溶性固形物含量约14%,口感好,风味佳。采收时,个别果实呈黄绿色,贮藏30d后全部变黄。在辽宁绥中地区9月下旬至10月上旬成熟。耐贮藏,常温下可贮藏3个月,在恒温库中可贮藏至翌年5月上旬。

树势强健,树姿开张。萌芽率高,成枝力弱,以中短果枝结果为主,适宜授粉品种为爱甘水。苗木定植后翌年开始结果,耐瘠薄,较耐寒,较抗黑斑病和黑星病。

8. 喜水

日本静冈县烧津市的松永喜代治于1978年以明月为母本、丰水为父本杂交实生选育的早熟品种,最初名为清露。

果实扁圆形或圆形,平均单果重300g左右,最大可达514g。果皮橙黄色,果点多且大,呈锈色,果面有不明显棱沟。果梗较短,梗洼浅狭,萼片脱落,萼洼广、大,呈漏斗形。果肉黄白色,石细胞极少,肉质细嫩,汁液多,味甜,香气浓郁;果心较大,短纺锤形;可溶性固形物含量12.8%~13.5%。在山东泰安地区7月中旬成熟,室温条件下可贮藏7~10d。

树体中大,树势强,树姿直立,主干灰褐色。1年生枝暗红褐色，前端易弯曲。皮孔稀、大，长椭圆形。新梢绿色，被茸毛。叶片平展，卵圆形、厚，有光泽，叶基截形，叶柄长，叶缘锯齿粗、锐。花冠中大，白色，花粉多。幼树生长势强旺，萌芽率高，成枝力强，易成花。苗木定植后翌年开始结果，以腋花芽结果为主。成龄树以长果枝和短果枝结果为主，每花序坐果1～3个。

9. 秋月

日本农林水产省果树实验场用162-29（新高×丰水）×幸水杂交育成。

果实扁圆形，平均单果重450g，最大可达1 000g左右。果形端正，果实整齐度极高。果皮黄红褐色，果色纯正；果肉白色，肉质酥脆，石细胞极少，口感清香，可溶性固形物含量14.5％～17％；果核小，可食率可达95％以上，品质上等。耐贮藏，长期贮藏后无异味。在胶东地区9月中下旬成熟，比丰水晚10d左右。无采前落果现象，采收期长。

生长势强，树姿较开张。1年生枝灰褐色，枝条粗壮。叶片卵圆形或长圆形，大而厚，叶缘有钝锯齿。萌芽率低，成枝力较强。易形成短果枝，1年生枝条可形成腋花芽，结果早，丰产性好。一般幼树定植后翌年开始结果。适应性较强，抗寒性强，耐干旱。

10. 华丰

以新高为母本、丰水为父本杂交选育而成。

果实近圆形，平均单果重331.8g，最大可达1 501.4g，纵径7.75cm，横径8.52cm，果形指数0.91。果皮黄褐色，果面较平滑，果点中大。果梗长3.16cm，梗洼中深，有4条较明显的腹缝沟。果心较小，可食率89.90％，果肉乳白色，石细胞少，风味较甜，可溶性固形物含量11.9％～12.2％。9月上旬果实成熟，果实耐贮运性好。

树势中庸，树姿较直立，树冠圆锥形，树干青褐色，1年生枝黄褐色，皮孔较密。叶形两种：小叶阔卵形，先端渐尖，叶基截形；大叶卵形，先端渐尖，叶基歪斜，叶缘具向内稍弯曲的芒状锯齿，叶肉质较厚，叶色浓绿有光泽。花蕾略带粉红色，盛开时为白色，每花序有3～8朵花。萌芽率高，成枝力中等。幼树结果早，栽后翌年开始结果。幼树长枝花芽分化好，结果性能好。4年生树以中短果枝结果为主，果台抽生2～3个果枝，果台连续结果能力强。每花序可着果1～4个。抗黑心病、轮纹病。栽培适应性强。

11. 新高

1915年，日本神奈川农业试验场菊池秋雄以天之川为母本，今秋村为父本育成，于1927年命名。

果实近圆形，果实大，单果重410g。果皮黄褐色，果面光滑，果点中密，果肉细，松脆，石细胞数量中等，汁液多，味甜，可溶性固形物含量13%～14.5%，品质上等。采前落果轻，果实耐贮藏，适当延迟采收能提高果实含糖量。在山东地区9月中下旬成熟。

树势较强，树姿半开张。萌芽率高，成枝力稍弱。以短果枝结果为主，幼旺树有一定比例的中长果枝结果，并有腋花芽结果。每果台可抽生1～2个副梢，但连续结果能力较差。适应性强，抗黑斑病和轮纹病，较抗黑星病。山东地区花期较早，部分地区需注意防止晚霜危害。

12. 二十世纪

于日本千叶县松户市大桥发现的自然实生苗，1888年发现，1898年命名。20世纪30年代我国从日本引入，在辽宁、河北、浙江、江苏和湖北等地有少量栽植。

果实近圆形，整齐，单果重136g。果皮绿色，经贮放变绿黄色。果心中大，果肉白色，肉质细，疏松，汁液多，味甜，可溶性固形物含量11.1%～14.6%，品质上等。果实不耐贮藏。

树势中庸，枝条稀疏，半直立，成枝力弱。在辽宁兴城9月上旬成熟。抗寒、抗风能力弱，易感染黑斑病、轮纹病。

13. 大果水晶

韩国于1991年从新高的枝条芽变中选育成的黄色新品种。

果实圆形或扁圆形（酷似苹果），单果重500g左右。果前期绿色，近成熟时果皮逐渐变为乳黄色；套袋果表面黄白色，晶莹光亮，有透明感，果点稀小，外观十分诱人。果心小，果肉白色，肉质细嫩，多汁，无石细胞，可溶性固形物含量14%，味蜜甜浓香，口感极佳。在我国10月上中旬成熟，果实生育期170d。耐贮藏性突出，在室温下可贮存至春节。

树势强，叶片阔卵圆形，极大且厚，抗黑星病、黑斑病能力强。结果早，高接后翌年结果。丰产性好，花序坐果率高达90%以上。

14. 新兴

日本自二十世纪实生种选育而成。

果实圆形，平均单果重400g，果皮褐色，套袋后呈黄褐色，果面不光滑。果肉淡黄色，肉质细、脆，味甜，可溶性固形物含量12.0%～13.0%，品质中上等。在胶东地区9月下旬成熟。耐贮藏，可贮藏至翌年2月，贮藏后品质更佳。

树势中庸，树姿半开张。萌芽率中等，成枝力低。早果，成苗定植后第三年开始结果。以短果枝结果为主，中短枝衰弱快，丰产、稳产。对病虫害抗性较强。可选择黄花、西子绿等品种为授粉树，配置比例为3∶1或4∶1。幼树适度轻剪长放、拉枝，促进花芽形成。成龄树要重短截，防早期衰老，应注意中短果枝更新。加强肥水管理，防早期落叶及二次开花。

15. 新世纪

日本冈山县农业试验场以二十世纪为母本、长十郎为父本杂交选育而成。

果实圆形，中大，单果重200g，最大可达350g以上。果皮绿黄色，果面光滑。萼片脱落。果心小，果肉黄白色，肉质松脆，石细胞少，汁液中多，味甜，可溶性固形物含量 12.5%～13.5%，品质上等。在河南郑州地区 8 月上旬成熟。

树势中等，树姿半开张。以短果枝结果为主，果台副梢抽生枝条能力强。定植后 2～3 年结果。坐果率高，丰产、稳产，无大小年结果现象。连续结果能力强。雨水多地区易裂果，有落果现象。对多种病害有较强抗性。

16. 爱甘水

日本以长寿为母本、多摩为父本杂交选育的早熟品种。

果实扁圆形，中大，整齐，平均单果重 190g。果皮褐色，具光泽，果点小，中密，圆，淡褐色。果梗中长至较长，梗洼浅，圆形，萼洼圆正，中深，脱萼。果肉乳黄色，质地细脆、化渣，味浓甜，具微香，汁多，品质优，可溶性固形物含量 12% 以上，可溶性糖含量 9.12%，可滴定酸含量 0.924%，每 100g 果实维生素 C含量 3.207mg。在山东地区 8 月上旬成熟。

树姿较开张，生长势中庸，主干明显。萌芽力较强，成枝力中等。叶片椭圆形，叶缘锯齿中粗，先端较尖。花蕾紫红色，花瓣白色，椭圆形。幼树以中长果枝结果为主，成龄树以短果枝结果为主。

17. 晚秀

韩国园艺研究所用单梨与晚三吉杂交育成的晚熟新品种。

果实圆形，个大，单果重 620g，最大可达 2 000g。果面光滑，果点大而少，无果锈。果皮黄褐色，中厚。果肉白色，石细胞极少，肉质细，硬脆，汁液多，可溶性固形物含量 14%～15%，品质极上等。在胶东地区 10 月上旬成熟。一般条件下可贮藏 4 个月左右，低温冷藏条件下可贮藏 6 个月以上，且贮藏后风味更佳。

树势强健，树姿直立。1 年生枝浅青黄色，粗壮，新梢浅红绿色。叶片大，长椭圆形，叶缘具锯齿，锐，中大，叶柄浅绿色，叶脉两侧向上卷翘，叶片合拢且下垂。叶芽尖而细长，并紧贴枝条为该品种两大特征；花芽饱满。花冠大，白色，每个花序有5～6朵花，花粉量大。萌芽率低，成枝力强。高接树枝条甩放1年，腋芽形成花芽能力弱，甩放2年，容易形成短果枝和花束状果枝。苗木定植后第三年开始结果，以腋花芽结果为主，花序自然坐果率12.5%，人工授粉花序坐果率高达93.7%。需配置圆黄、新高等品种作为授粉树。黑星病、黑斑病发病极轻。较耐干旱，耐瘠薄，采前不落果。适合在华北地区栽植。

18. 圆黄

韩国园艺研究所以早生赤为母本、晚三吉为父本杂交育成。

果形扁圆，平均果重250g左右，最大可达800g。果面光滑平整，果点小而稀，无水锈、黑斑。成熟后金黄色，不套袋果呈暗红色，果肉为透明的纯白色，可溶性固形物含量12.5%～14.8%，肉质细腻多汁，几无石细胞，酥甜可口，并有奇特的香味，品质极上等。在山东8月中下旬成熟，常温下可贮存15d左右，冷藏可贮存5～6个月，耐贮性胜于丰水，品质超过丰水。

树势强，枝条开张、粗壮，易形成短果枝和腋花芽，每花序有7～9朵花。叶片宽椭圆形，浅绿色且有明亮的光泽，叶面向叶背反卷。1年生枝条黄褐色，皮孔大而密集。栽培管理容易，花芽易形成，花粉量大，既是优良的主栽品种又是很好的授粉品种。自然授粉坐果率较高，结果早，丰产性好。黑星病抗性强，黑斑病抗性中等，抗旱、抗寒，较耐盐碱。

19. 秋黄梨

1967年，韩国园艺研究所以今村秋为母本、二十世纪为父本杂交选育而成。

果实扁圆形，平均单果重395g，最大可达590g。果皮黄褐色，果面粗糙，果点中大、较多。果心大小中等，果肉乳白色，石细胞少，果肉柔软，致密，汁液多，味浓甜，具香气，可溶性固形物含量 14.1％，品质上等。在河南郑州地区果实成熟期为 9 月中下旬，耐贮藏，常温下可贮藏 2 个月。

树势较强，树姿较直立。萌芽力强，成枝力中等。以短果枝结果为主，短果枝和中果枝易形成，结果能力强。花芽易形成，结果年龄比较早。黑斑病抗性强，但黑星病抗性较弱。

20. 新一梨

1978 年，韩国园艺研究所以新兴为母本、丰水为父本杂交选育而成。

果实扁圆形，平均单果重 370g，果皮呈鲜明的黄褐色。果肉呈透明白色，柔软多汁，石细胞极少，可溶性固形物含量 13.8％。果实 9 月中旬成熟，常温下可贮藏 15～20d。

树势中庸，树姿半开张。易形成短果枝，以短果枝结果为主。花粉多，可用作授粉树。黑斑病抗性强，但黑星病抗性较弱。

21. 天皇

韩国品种，为新高芽变品种。果实大，圆形或扁圆形，平均单果重 500～600g，果皮黄褐色，果肉白色，细嫩化渣，风味浓甜，可溶性固形物含量 15％以上。在湖南长沙地区 9 月中旬成熟。

树势健壮，生长势一般，花大、果大、叶大，成枝力较低，3 年生开始结果，在湖南长沙地区，花芽萌动期为 3 月上旬，初花期为 3 月中旬，盛花期为 3 月下旬，营养生长天数为 260d。抗逆性和抗病虫性均较强。

（三）西洋梨品种

1. 三季梨

1870 年在法国发现的实生种。

果实呈粗颈葫芦形，单果重 244g。果皮绿黄色，后熟后淡黄色，部分果实阳面有暗红色晕。果心较小，果肉白色，肉质细，经后熟变软，汁液多，有香气，味酸甜，可溶性固形物含量 14.5%、可溶性糖含量 7.21%、可滴定酸含量 0.38%，品质上等。果实不耐贮藏。在胶东地区 8 月中下旬成熟。

树势中庸，树姿半开张，多年生枝灰褐色，1 年生枝黄褐色，萌芽率 71%，成枝力中等，定植后 3～4 年开始结果，幼树以腋花芽结果为主，成龄树以短果枝结果为主，丰产、稳产。叶片卵圆形或椭圆形，锯齿钝，无刺芒。花白色，花粉多。抗旱，有一定抗寒性，易感染腐烂病，采前易落果。

2. 伏茄

又名伏洋梨，法国品种，为极早熟优良品种。我国山东半岛、辽宁、山西等地有栽培。

果实葫芦形，单果重 147g。果皮黄绿色，阳面有红色晕。果肉白色，肉质细，后熟后变软，汁液多，风味酸甜，有微香，可溶性固形物含量 14.6%。

树势中庸，树姿半开张，以短果枝结果为主。抗虫、抗病。在北京地区 7 月中旬成熟，采前落果轻，产量中等。

3. 考西亚

中国农业科学院郑州果树研究所从美国国家农业资源保存圃引入。

果实葫芦形，单果重 210g，最大可达 450g。果皮淡黄白色，阳面具有鲜红色晕。果心小，果肉淡黄色，肉质柔软细嫩，汁液多，味甜，有香气，可溶性固形物含量 11.5%～12.5%。适合河南、河北等地栽培，7 月下旬成熟。

树势强，树姿直立，以中短果枝结果为主。幼树宜轻剪缓放，开张枝条角度，促进早果丰产。

4. 阿巴特

1866 年法国发现的实生种，为目前欧洲主栽品种之一，20 世纪末期引入我国。

果实呈长颈葫芦形,单果重 257g。果皮绿色,经后熟变为黄色。果面光滑,果心小,果肉乳白色,肉质细,石细胞少,采后即可食用,经 10～20d 后熟,芳香味更浓,可溶性固形物含量 12.9%～14.1%,品质上等。在山东烟台地区 9 月上旬成熟。

树势中庸,自然开张。枝条直立生长,多年生枝黄褐色,角度较为开张,1 年生枝黄绿色。叶片长圆形,叶尖急尖,幼叶黄绿色。花瓣白色,花粉多。幼树生长旺盛,干性强,进入结果期后,以叶丛枝、短果枝结果为主。萌芽率 82.9%,成枝力中等偏弱。连续结果能力强。抗旱,抗寒性强,抗黑星病、黑斑病,抗梨锈病,不抗枝干粗皮病,梨木虱为害较轻。

5. 派克汉姆斯

1897 年澳大利亚 Sam Packham 以 Uvedale St. Germain 为母本、Bartlett 为父本杂交育成。1977 年从南斯拉夫引入我国。

果实呈粗颈葫芦形,平均单果重 184g。果皮绿黄色,阳面有红色晕,果面凹凸不平,有棱突和小锈片,果点小而多,蜡质中多。果心中小,果肉白色,肉质细密、韧,石细胞少,经后熟变软,汁液多,味酸甜,香气浓郁,可溶性固形物含量 12.0%～13.7%、可溶性糖含量 9.60%、可滴定酸含量 0.29%,品质上等。果实不耐贮藏,可贮藏 1 个月左右。

树势中庸,树姿开张,萌芽率和成枝力中等。以短果枝结果为主,腋花芽结果能力强,连续结果能力强,丰产、稳产。易感染黑星病和火疫病。

6. 李克特

1882 年法国园艺学家以 Bartlett 为母本、Bergamotte Fortune 为父本杂交选育而成。1992 年辽宁省大连市农业科学院从日本引入。

果实呈粗颈葫芦形,个大,平均单果重 225g,最大可达 400g。

果皮黄绿色，果面蜡质少，果点小而疏。果心小，果肉白色，石细胞极少，经后熟果皮变为黄色，果肉变软，易溶于口，肉质细，汁液多，可溶性固形物含量17.0%、总酸含量0.13%，品质上等。在辽宁大连地区10月中下旬成熟。

幼树长势旺，树姿直立，以短果枝结果为主，萌芽力、成枝力中等。有明显的花粉直感现象，配置的授粉树以果形为葫芦形的西洋梨系统品种为主，可选择三季梨、巴梨为授粉树。

7. 康佛伦斯

1894年英国人自 Leon Leclercde Laval 实生种中选育，为英国主栽品种，德国、法国和保加利亚等国的主栽品种之一。

果实呈细颈葫芦形，单果重255g，肩部常向一方歪斜。果皮黄绿色，阳面部分有淡红色晕，果面平滑，有光泽，外形美观。果心小，果肉白色，肉质细，紧密，经后熟变软，汁液多，味甜，有香气，可溶性固形物含量13.5%、可溶性糖9.90%、可滴定酸0.13%，品质极上等。果实不耐贮藏。在辽宁兴城地区9月中旬成熟。

树势中庸，幼树生长健壮，树姿半开张，枝条直立。叶片椭圆形，叶尖渐尖，叶基圆形。1年生枝浅紫色，新梢紫红色。花白色，每花序有5～6朵花，花粉量多。萌芽率78%，成枝力中等。定植后第三年结果，以短果枝结果为主，果台连续结果能力强，丰产。抗寒性中等，抗病性强。

8. 拉达那

北京市农林科学院果树研究所于2001年从捷克引进的早熟红色西洋梨品种。

果实倒卵形，平均单果重233.9g，最大可达270.2g。果皮紫红色，熟后橘红色，果点小，果皮嫩，厚度中等，果面较光滑。果梗上常有瘤状突起。梗洼、萼洼浅阔，萼片宿存。果心大小中等，果肉淡黄色，肉质细软，汁多，味甜，可溶性固形物含量11.0%，品质上等。采后果实在室温下经 3～5d 完成后熟，表现出最佳食用品质。

树势强健，树姿直立，枝条粗壮。1 年生枝红褐色，萌芽率高，成枝力低。叶片窄椭圆形，小，浓绿。大树芽接后第四年开始结果，以短果枝结果为主，不易形成腋花芽。花量大，花粉多，坐果率高。丰产，5 年生树每株产 20kg。抗性较强，适应性广，对黑斑病、黑星病、轮纹病、梨木虱抗性强；抗寒性中等。对土壤条件要求较高，适于土层肥沃深厚、透气性良好的壤土。

9. 超红

原产于美国的早熟、优质西洋梨品种。

果实呈粗颈葫芦形，中大，平均单果重 190g，最大可达 280g。幼果期果实紫红色，果皮薄，成熟期果实果面紫红色，较光滑。阳面果点细小，中密，不明显，蜡质厚；阴面果点大而密，明显，蜡质薄。果柄粗短，基部略肥大，弯曲，锈褐色，梗洼小、浅；宿萼，萼片短小，闭合，萼洼浅，中广，多皱褶，萼筒漏斗状，中长。果心中大，果心线明显，果肉雪白色，半透明，稍绿，质地较细，硬脆，石细胞少，可食率高；经后熟肉质细嫩，易溶，汁液多，具芳香，风味酸甜，品质上等。8 月上旬采收，可溶性固形物含量 12.0%，后熟 1 周后达 14%，果实在常温下可贮存 15d，在 5℃左右条件下可贮存 3 个月。

树体健壮，树冠中大，幼树期树姿直立，盛果期半开张。主干灰褐色，1 年生枝（阳面）紫红色，2 年生枝浅灰色。叶片深绿色，长椭圆形，叶面平整，质厚，具光泽，先端渐尖，基部楔形，叶缘锯齿浅钝。萌芽率高达 77.8%～82.8%，成枝力强，1 年生枝短截后，平均抽生 4.3 个长枝。花芽易形成，早实性强，高接树 2 年见果。进入结果期以短果枝结果为主，部分中长果枝及腋花芽也易结果。连续结果能力强，大小年结果现象不明显，丰产、稳产。适应性较广，抗旱、抗寒，耐盐碱性与普通巴梨相近；较抗轮纹病、炭疽病，抗干枯病。

10. 凯斯凯德

美国用大红巴梨（Max Red Bartlett）和考密斯（Comice）杂交育成。

果实呈短颈葫芦形，个大，平均单果重 410.0g，最大可达 500.0g。幼果紫红色，成熟果实深红色，果点小且明显，无果锈，果柄粗、短。果肉白色，肉质细软，汁液多，香气浓，风味甜，品质极上等。可食率高，可溶性固形物含量 15.00%，总糖含量 10.86%，总酸含量 0.18%，糖酸比 60.33，每 100g 果实含维生素 C 0.865mg。采后常温下 10d 左右完成后熟，果实食用品质最佳。较耐贮藏，0~5℃条件下贮藏 2 个月仍可保持原有风味，可供应秋冬梨果市场。在山东泰安地区 9 月上旬成熟。

树势强，树冠中大。幼树树姿直立，盛果期树姿半开张。主干灰褐色，多年生枝灰褐色，2 年生枝赤灰色，1 年生枝红褐色。叶片浓绿色，平展，先端渐尖，基部楔形，叶缘锯齿渐钝。顶芽大，圆锥形，腋芽小而尖，与枝条夹角大。伞房花序，每个花序有 5~8 朵花，边花先开；花瓣白色，花药粉红色。萌芽率高，可达 80%；成枝力强，改接树前期长势旺盛。以短果枝结果为主，短果枝占 75%，中果枝占 20%，长果枝占 5%，自然授粉坐果率 65% 左右。易成花，早实性强，丰产、稳产，苗木定植后第三年开始结果，每 667m² 产量可达 600kg。具有较好的适应性，耐旱，耐盐碱；对黑星病、褐斑病免疫，对锈病和炭疽病抗性强。

11. 红考密斯

美国华盛顿州从考密斯梨中选出的浓红型芽变新品种。

果实呈短颈葫芦形，平均单果重 324g，最大可达 610g。果面光滑，果点极小。果皮厚，完熟时果面呈鲜红色。果肉淡黄色，极细腻，柔滑适口，香气浓郁，品质佳，可溶性固形物含量 16.8%。6d 完成后熟过程，食用品质最佳。在山东地区 9 月上旬成熟。

树势强健，树姿直立。枝条稍软，分枝角度大。萌芽率

51.5%，成枝力强。以中短果枝结果为主，中果枝上腋花芽多。着生单果极多，几乎无双果。为洋梨中早实性强的品种之一，定植后第三年开始见果。高抗梨木虱、黑星病、黄粉虫等。

12. 红茄

20 世纪 50 年代美国发现的茄梨红色芽变品种。1977 年由南斯拉夫引入我国。

果实葫芦形，单果重 132g。果面全紫红色，平滑有蜡质光泽，果点小而不明显。果心中大，果肉乳白色，肉质细脆，稍韧，经 5～7d 后熟，肉质变软易溶于口，汁液多，石细胞少，味酸甜，有微香，可溶性固形物含量 12.3%、可溶性糖实含量 8.93%、可滴定酸含量 0.24%，品质上等。果实不耐贮藏，常温下贮藏 15d 左右。在山东地区果实 8 月上中旬成熟。

树势中庸，树姿直立。叶片长卵圆形，渐尖，叶缘具钝锯齿，无刺芒。主干灰褐色，1 年生枝暗红褐色。花白色。萌芽率 63.9%，成枝力弱。定植后 4 年开始结果。以短果枝结果为主，较丰产、稳产，采前落果轻。

13. 红巴梨

1938 年美国在一株 1913 年定植的巴梨树上发现的红色芽变。先后由南斯拉夫、美国等引入我国。

果实呈粗颈葫芦形，单果重 225g，果点小、少。幼果期果实整个果面紫红色，迅速膨大期果面阴面红色逐渐退去，开始变绿，阳面仍为紫红色，片红。套袋果和后熟后的果实阳面变为鲜红色，底色变黄。果心小，果肉白色，采收时果肉脆，后熟后果肉变软，易溶于口，肉质细，汁液多，石细胞极少，可溶性固形物含量 13.8%、可溶性糖含量 10.8%、可滴定酸含量 0.20%，味甜，香气浓郁，品质极上等。在山东地区 9 月上旬成熟。常温下贮藏10～15d，0～3℃条件下贮藏至翌年 3 月。

树势中庸，幼树树姿直立，成龄树半开张。主干浅褐色，表面光滑，1年生枝红色。叶片长卵圆形，嫩叶红色。每花序有 6 朵花，花冠白色。定植后 3 年开始结果，萌芽率 78%，成枝力强；以短果枝结果为主。采前落果轻，较丰产、稳产。幼树有二次生长特点，后期应控制肥水，以提高其抗寒和抗抽条性。适合在辽南、胶东半岛、黄河故道等梨产区栽培。适应性较强，抗寒能力弱，抗病性弱，易感染腐烂病；抗风、抗黑星病和锈病性强。

14. 巴梨

1770 年英国 Stair 在英国发现的自然实生种。是世界上栽培最广泛的西洋梨品种。1871 年自美国引入山东烟台。

果实呈粗颈葫芦形，单果重 217g。果皮黄绿色，阳面有红色晕。果心较小，果肉乳白色，肉质细，易溶于口，石细胞极少。采后 1 周左右完成后熟，汁液多，味甜，有香气，可溶性固形物含量 12.5%～13.5%、可溶性糖含量 9.87%、可滴定酸含量 0.28%，品质极上等。果实不耐贮藏。在山东地区 8 月中下旬成熟。

树势强，树姿直立，呈扫帚状或圆锥状，盛果期后树势易衰弱。萌芽率 79%，成枝力强。枝干较软，结果负荷可使主枝开张下垂。主干及多年生枝灰褐色，1 年生枝淡黄色，阳面红褐色。叶片卵圆形或椭圆形，叶基圆形，叶缘锯齿钝，无刺芒。定植后 3～4 年开始结果，以短果枝结果为主，腋花芽可结果，丰产、稳产。易受冻害并易感染腐烂病，抗黑星病和锈病。可选择三季梨、长把梨等品种授粉。

15. 红安久

1823 年起源于比利时的晚熟、耐贮西洋梨品种，栽培面积在北美洲居第二位。

果实葫芦形，平均单果重 230g，最大可达 500g。果皮全紫红色，果面平滑，具蜡质光泽，果点中多，小而明显，外观漂亮。梗洼浅狭，萼片宿存或残存，萼洼浅而狭，有皱褶。果肉乳白色，质地细，石细胞少，经 1 周后熟后变软，易溶于口。汁液多，酸甜可口，具有宜人的浓郁芳香，可溶性固形物含量14％以上，品质极上等。果实室温下可贮存40d，—1℃冷藏条件下可贮存6～7个月，气调下可贮存9个月。在山东泰安地区9月下旬成熟。

树体长势健壮、中大，幼龄期树姿直立，盛果期半开张，树冠近纺锤形。主干深灰褐色，粗糙，2～3年生枝赤褐色，1年生枝紫红色。花瓣粉红色，幼嫩新梢叶片紫红色，其红色性状表现远超过红巴梨，具有极高的观赏价值。叶片红色，叶面光滑平展，先端渐尖，基部楔形，叶缘锯齿浅钝。萌芽力和成枝力均高，成龄树长势中庸或偏弱。幼树栽植后3～4年见果，高接后大树第三年丰产。成龄大树以短果枝和短果枝群结果为主，中长果枝及腋花芽也容易结果。连续结果能力强，大小年结果现象不明显，高产、稳产。适应性广泛，抗寒性高于巴梨，对细菌性火疫病、黑星病的抗性高于巴梨；对白粉病、叶斑病、果腐病、梨衰退病（植原体病害）和梨脉黄病毒病的抗性类似于巴梨；对食心虫的抗性远高于巴梨；但对螨类特别敏感。

16. 粉酪

1960年意大利以 Goscia×Beurre Clairgeau 杂交育成。1994年自美国引入我国。

果实葫芦形，平均单果重325g，底色黄绿色，果面60％着鲜红色晕，果面光洁，果点小，果梗短，果肉白色，石细胞少，经后熟果实底色变黄，果肉细嫩多汁，风味甜，香气浓郁，品质极佳。果实采收后常温下可贮藏20d，风味更佳。可冷藏60～80d。

幼树长势较强，成龄树中庸。以短果枝结果为主。在河北昌黎地区7月底果实成熟。适应性广，抗病性强。树形宜采用纺锤形。授粉品种以西洋梨品种为主。由于果柄较短，套袋后遇大风易落果。

17. 日面红

原产于比利时东弗兰德省。

　　果实呈粗颈葫芦形，平均单果重 256g。果面绿黄色，阳面有红色晕。果皮平滑有光泽，较薄。果肉白色，肉质中粗，后熟后变软，汁液中多，味香甜，可溶性固形物含量 15.7%，品质中上等。在河南郑州地区果实 8 月中旬成熟。

　　树冠倒圆锥形，树势强，枝条角度开张。萌芽率高，成枝力弱。以短果枝结果为主，成龄树株产 130kg，但有隔年结果现象。适应能力强，较抗寒，较耐旱，在各种土壤上生长表现良好。对腐烂病的抵抗力也较强，较丰产。

18. 贵妃梨

　　又名香槟梨，原产美国。

　　果实纺锤形，平均单果重 142.2g。果皮绿黄色，阳面有红色晕，果点小、多，呈褐色。果肉黄白色，质中粗，稍脆，汁液中多，淡酸甜，可溶性固形物含量 10.5% 左右，微香，品质中等。在辽宁大连地区 10 月上旬采收。

　　树冠长圆形，树势中等。萌芽率高，成枝力弱。以短果枝结果为主，成龄树株产 100kg。适应能力较强，有较强的抗逆性，抗黑叶病能力较强，抗寒性强。可用于加工罐头。

19. 拉达娜

　　北京市农林科学院 2001 年自捷克引进的红色早熟西洋梨品种。

　　果实倒卵形，平均单果重 233.9g。果皮紫红色，熟后橘红色。果心中等大小，果肉淡黄色，肉质细软，汁液多，味甜，有香气，可溶性固形物含量 11.0%。采收后在室温下经 3～5d 完成后熟，表现出最佳食用品质。在北京地区 7 月下旬至 8 月上旬采收。

　　树势强健，树姿直立。枝条粗壮，1 年生枝红褐色。萌芽率高，成枝力低。以短果枝结果为主，不易形成腋花芽。坐果率高，丰产。对黑斑病、黑星病、轮纹病、梨木虱抗性强，抗寒性中等。树形宜采用纺锤形或多主枝疏层形，利用短截与缓放相结合的方法培养结果枝组。

20. 朝鲜洋梨

原产朝鲜，吉林延边朝鲜族自治州栽培较多。

果实扁圆形，平均单果重 203g。果皮绿色，果点中大、中多，呈褐色。果肉乳白色，质中粗、脆，汁液中多，味淡甜酸，可溶性固形物含量 12％左右，品质中等。在辽宁大连地区 8 月中旬采收，采后即可食用，一般不宜存放。

树冠圆头形，树势中等。萌芽率高，成枝力弱。以短果枝结果为主，成龄树株产 150kg 左右。抗枝干病害能力较强，抗寒能力强，可耐－30～－27℃的低温；耐盐碱、耐干旱、耐瘠薄，适应能力强，在沙壤土上生长良好。

二、梨树生物学特性

（一）梨树体结构

1. 梨树体合理结构

梨树体合理结构是丰产的基础，是通过修剪形成的。合理的树体结构能够保证梨早期结果和丰产、稳产。树体结构的基本构成有：树高、干高；主枝及主枝基角、腰角和梢角；层间距；中干、大中小型枝组及其排列；辅养枝、总枝量等。

根据不同的栽培习惯、品种、土壤、环境条件、栽培方式等，生产中采用的树形比较多，无论采用哪一种树形，合理的树体结构应具备以下几个条件。

①适宜的树体高度。梨树为高大果树，自然条件下或控制不当树体易过高，不仅对修剪、病虫害防治、疏花疏果、套袋及采收等工作带来不便，还易造成上部枝叶对下部枝叶及相邻两行枝叶相互遮蔽。生产中稀植大冠树树高一般控制在 4.5m 以下，中冠树树高为 3.5m 以下，密植小冠树树高为 3m 以下。

②骨干枝数适当，层次分布合理，枝量适宜。骨干枝过少，不能充分利用空间，产量低，过多则树冠内通风透光不良，降低果实品质。

③叶幕成层，叶面积系数合理。叶幕是指叶片在树冠上集中分布的叶片群体，叶幕的厚度和层次组成叶幕结构，两层叶幕之间的距离称为叶幕间距。叶面积系数是指单位土地面积与该面积内植株叶片总面积的比值。叶面积系数过大或叶片分布过于集中，都不利

于充分利用光能，影响果实产量和品质。

2. 梨树的器官

梨树的器官包括芽、枝干、叶片、花、果实和根系。梨树的芽有叶芽和花芽之分。叶芽是展叶、抽梢、形成枝条，以致长成大树的基础。根据叶芽在枝条上的位置可分为顶芽和侧芽。一般顶芽较大而圆，侧芽较小而尖。当年形成的叶芽，无论是顶芽还是侧芽，翌年绝大部分能萌发长成枝条，只有基部几节上的芽不萌发而成为隐芽，这类芽对于以后树冠更新有重要作用。叶芽的外部约有十几个鳞片，内部有 3~6 个长在芽轴上的叶原基，中间的芽轴就是未来新梢的雏形。

梨的花芽是混合芽，芽内除有花器之外还有一段雏梢，其顶端着生花序，雏梢发育成果台，果台上还能抽生一个或两个枝条，称为果台枝。梨的花芽多由顶芽组成，称为顶花芽，侧芽形成花芽时称腋花芽。

梨的枝条有短枝、中枝和长枝之分。短枝只有一个充实的顶芽，长度 5cm 左右，节间很短，生长季叶片呈莲座状，叶腋内无侧芽或只有芽体很小的侧芽。

中枝长度 10~25cm，最长不超过 30cm，有充实的顶芽，除基部 3~5 节叶腋间无侧芽为盲节外，以上各叶腋间均有充实的侧芽。

长枝长度 30~50cm，最长 100cm 以上，顶端也有顶芽，但充实程度不如短枝和中枝。

梨的叶片是进行光合作用制造树体营养物质的器官，叶片大小、叶片形成的早晚及质量与光合作用强弱、树体养分多少有直接关系。梨的叶片在发芽前就已经在芽轴上形成了叶原基，发芽以后随着枝条的伸长，展叶迅速而整齐。

梨的花序为伞房花序，每花序有花 5~10 朵，通常可分为少花、中花与多花 3 种类型，5 朵以下为少花类型，5~8 朵为中花类型，8 朵以上为多花类型。花序外围的花先开，中心花后开，外围先开的花坐果好，果实大。

梨的果实由下位子房和花托共同发育而成，称为仁果。

梨的根系须根较少，骨干根粗大，分布较深。梨有明显的主根，主根上分生侧根，垂直或水平伸展，侧根上分生须根。细根的先端为吸收根。

（二）梨生长结果习性

1. 根系的生长发育

梨的根系发达，有明显的主根，须根较稀少，但骨干根分布较深，一般垂直分布在1m左右的土层内，水平分布为其冠径的2～4倍。

在年生长周期中，梨的根系有两次生长高峰。早春，根系在萌芽前即开始活动，以后随着温度的升高而逐渐转旺，到新梢进入缓慢生长期时，根系生长旺盛，开始第一个迅速生长期，到新梢停止生长后达到高峰。以后根系活动逐渐减缓，到采收后再次转入旺盛生长期，形成第二个生长高峰，然后随着气温的逐渐下降而减慢，直至落叶进入冬季休眠后基本停止生长。

影响根系生长活动的主要外界因素是土壤养分、温度、水分和空气。梨树根系有明显的趋肥性，土壤施肥可以有效地诱导根系向纵深和水平方向扩展，促进根系的生长发育。根系生长最适宜的土壤温度为13～27℃，超过30℃时生长不良甚至死亡。为保持土壤温度的相对稳定，可以采取果园间作、种草、覆草等措施。

2. 枝、芽的生长

(1) 芽的生长。梨树的叶芽大多在春末夏初形成。除西洋梨外，中国梨大多数品种当年不能萌发副梢，翌年无论顶芽还是侧芽绝大部分都能萌发长成枝条，只有基部几节上的芽不能萌发而成为隐芽。萌发芽的基部也有一对很小的副芽不能萌发。梨树的隐芽寿命很长，是树体更新复壮的基础。

梨树的花芽形成比较早，在新梢停止生长、芽鳞片分化后的1个月即开始分化。多数为着生在中短枝顶端的顶花芽，但大多数品种都能够形成腋花芽。梨花芽为混合花芽，萌发后先抽生一段结果新梢（果台），其顶端着生花序，并抽生一两个果台副梢。

（2）枝条的生长。尽管梨树的萌芽率较高，但成枝力比较低。顶端优势强，顶芽以下 1～2 个侧芽抽枝、粗壮、较长，而中下部的侧芽多萌发成中短枝或叶丛枝。

梨树的短梢生长期只有 5～20d，长 5cm 左右，叶片 3～7 片，有充实饱满的顶芽，无侧芽或仅有不充实的侧芽。短梢停止生长早，叶片大，光合产物积累充足，容易形成花芽，连续结果能力强，可形成短果枝群，是梨树的主要结果部位。

中梢生长期一般在 20～40d，长 10～25cm，叶片 6～16 片，有充实的顶芽，自基部 3～5 节以上均有充实的侧芽。缓放后可抽生健壮短枝，是培养中小结果枝组的基础。

长梢生长期在 60d 以上，基本没有秋梢，顶端也可形成比较完整的顶芽。主要作用是培养树体骨架、扩充树冠及培养大中型结果枝组。

3. 叶片的生长

梨的叶片在发芽前就已经形成了叶原基，发芽后随着新梢的生长，叶片迅速长成。单叶从展开到成熟需 16～28d。长梢叶形成历期较长，一般在 60d 之多，生长消耗营养物质较多，但长成后叶面积较大，光合生产率高，因而其光合生产量高，后期积累营养物质多，对梨果膨大、根系的秋季生长和树体营养积累有重要的作用。中短梢叶片的形成历期较短，约需 40d，生长消耗营养物质少，光合产物积累早，对开花、坐果、花芽分化有重要作用。

由于梨树的中短梢比例较大，因而整个叶幕形成快，积累早；梨的叶柄较长，叶片多呈下垂生长，所以叶面积系数相对较高。这两个特点奠定了梨树丰产的物质基础。

4. 结果习性

梨树以短果枝和短果枝群结果为主。秋子梨系统的品种有一定比例的腋花芽结果；白梨系统的茌梨、雪花梨、金花梨等也有较强的腋花芽结果能力。

由于梨树的萌芽率高、成枝力低，因而1年生枝中下部的芽大多可以发育成短枝。某些长势强旺的品种，通过采用拉枝、环剥等措施，也可以促发较多的短枝。这些短枝停长早，叶片大，一般一类短枝有6～7片大叶，当年都可以形成花芽；二类短枝有4～5片大叶，成花率也较高。这两类短枝不仅容易成花，而且坐果率高，果大，果实品质好。而只有3片左右小叶的三类短枝成花率较低，并且坐果少，品质差。

一般来讲，砂梨系统的品种在定植后3年即开始结果，白梨和西洋梨需3～4年，而秋子梨需5年以上。

5. 果实的生长发育

梨的花序为伞房花序，每花序有花5～10朵。开花时花序外围的花先开，中心花后开，先开的花坐果好。开花适温为15℃以上，授粉受精适宜温度为24℃左右。花期因地域、种类的不同而有差异，一般秋子梨系统的品种开花最早，白梨次之，砂梨再次之，而以西洋梨最晚。

梨的果实是由下位子房和花托共同发育而成的，整个生长发育期分为3个阶段，即第一迅速生长期、缓慢生长期和第二迅速生长期。第一迅速生长期在花后30～40d，主要是果肉细胞旺盛分裂，幼果体积迅速膨大；到6月上旬至7月中旬，果实体积增长减慢，果肉组织进行分化；从7月中下旬开始，果肉细胞开始迅速膨大，果实体积和重量迅速增加，进入第二迅速生长期，此时是影响产量的重要时期。

在花后7～10d，未受精的幼果会逐渐枯萎、脱落。花后30～40d，如果营养不良，也会使果实停止发育，造成落果。

三、苗木繁育技术

梨树是多年生果树，培育优良苗木是梨树建园后获得早果、丰产、稳产、优质的基础。苗木质量与梨树生长发育、植株寿命和果园经济效益有着十分密切的关系。栽植优良健壮的梨苗，才能保证缓苗快、长势旺。因此，建立安全、丰产、优质的生产性梨园，首先要高标准育苗，培育良种壮苗。

（一）砧木的选择与繁殖技术

砧木对于梨树生产非常重要，选择适宜的砧木是梨树栽培的基础，可以有效地增强梨树的抗性和适应性，使栽培品种保持其优良特性。对砧木的要求是适应当地环境条件、抗逆性强、抗病虫、亲和性好、生长整齐、无病毒等。

我国梨树的砧木资源极为丰富，类型很多，分布较广。一般都是选用对当地气候、土壤适应性强，抗盐碱、抗旱、抗涝、抗寒、抗病虫，与嫁接品种亲和力强的野生种作砧木。北方各省份，如河南、山东、河北、山西、陕西以及江苏、安徽北部，多用杜梨作砧木，少量用褐梨、豆梨；辽宁、吉林、内蒙古、黑龙江及河北北部多用秋子梨作砧木；长江以南各产区多用豆梨和砂梨作砧木；四川、云南、贵州用川梨作贴木；甘肃、宁夏、青海、新疆多用木梨作砧木。矮化砧木则分为榅桲梨矮砧和梨属矮化砧木，榅桲梨矮砧分为榅桲 A、榅桲 C 和云南榅桲。梨属矮化砧木分为 OHXF51、PDR54、S5、S2 和 S3。

1. 砧木种子的处理

(1) 采收与贮藏

待种子充分成熟后采收果实。一般杜梨种子在 9 月下旬至 10 月上旬成熟，豆梨种子可在 9 月中旬采收。种子采收过早，种子尚未成熟，种胚发育不完全，养分不足，其生活力弱，发芽率低；采收过晚，果实易受到鸟、虫等为害，难以保证种子的数量和质量。将成熟的果实采收后清除杂物，放在缸中或堆集起来，上盖一层青草，使其后熟发酵。数日后，果皮变黑、果肉变软时，揉碎果肉，取出种子，用清水洗净，放在室内或阴凉处晾干，避免阳光下暴晒。经去秕、去劣、去杂，选出饱满的种子。

种子贮藏方法有两种，分别为冷凉干燥贮藏和冷凉潮湿贮藏。一般杜梨种子采用冷凉干燥贮藏，在种子充分晾干后装入容器，置于 0~5℃、空气相对湿度 50%~60%的地方贮藏。

(2) 种子生活力的鉴定

为保证幼苗生长整齐健壮，播种量合理，层积前应对种子生活力进行鉴定，常用的方法有以下 3 种。

①目测法。一般生命力强的种子，种皮呈深褐色、有光泽，种粒饱满、粒重，种仁呈乳白色、不透明、无霉烂气味，用指甲挤压呈饼状。如果种仁透明，挤压即碎，则为陈种子，不能使用。

②染色法。可用 0.1%~0.2%靛蓝胭脂红水溶液染色 3h，然后用水洗净，观察染色情况。被鉴定的种子需先浸入水中，使其充分吸水，然后剥去种皮进行染色。凡具有生活力的种子不着色，着色的种子即表示已丧失生活力。

③发芽试验。将一定数量的种子置于器皿内，放在 25℃左右的条件下使其萌发，根据发芽的百分数确定种子的生活力，作为播种量的依据。

(3) 层积处理

砧木种子具有自然休眠特性，需要在适宜条件下完成后熟，才能解除休眠，萌芽生长。解除休眠需要经过层积处理，即种子与沙粒依次层积，在低温、通气和湿润的条件下，经过一段时间的贮藏即可解除休眠。进行层积处理所用的基质为河沙。此法也称沙藏。

①层积方法。将精选优质干燥的种子用30℃的温水浸泡24h左右；或用凉清水浸种2~3d，每日换水并搅拌1~2次。全部种子都充分吸水后，捞出备用。同时，将小于砧木种子的沙粒用清水冲洗干净，沥去多余的水分，使沙粒的含水量达到50%左右，即以手握沙成团，一触即散为适度。然后，将种子与河沙按1：(5~6)的比例混合均匀，盛在干净的木箱、瓦盆或编织袋等易渗水的容器中。选择地势高、土壤干燥、地下水位低、背风和背阴的地方挖坑，把容器埋入其中，使其上口距地面20~25cm。再用沙土将坑填满，并高出地面，以防止雨水或雪水流入坑中引起种子腐烂。

②层积时间和温度。在2~7℃的层积温度下，杜梨层积35~54d，秋子梨层积40~55d，豆梨层积35~45d，楂梓层积35~50d，褐梨层积38~55d，川梨层积35~50d即可。

③层积管理。层积期间要经常进行检查，看是否有雨水或雪水渗入，是否发生鼠害。每10d左右上下搅拌一次种子以防止霉变，并使其发芽整齐。搅拌时，还要注意检查温湿度，使其温度保持在2~7℃。温度过高时，要及时翻搅降温；温度过低，要及时密封。湿度过大时，添加干沙；湿度不足时，则喷水加湿。发现霉变种子要及时挑出，以免影响其他种子。当80%以上种子尖端发白时，即可播种。如果发芽过早或来不及播种，可把盛种子的容器取出，放在阴凉处降温，或均匀喷施浓度为40~50mg/L的萘乙酸抑制胚根生长，延缓萌动。若临近播种时种子尚未萌动，可将其移置于温度较高处，在遮光条件下促进种子萌动，或喷施浓度为30~100mg/L的赤霉素溶液进行催芽。

如无沙藏条件也可将采收后的果实堆积于冷库中，翌春播种前15d取出，用水冲洗种子，并用温水浸泡等方法进行催芽，然后播种。这种方法省工省时，但层积效果较沙藏略差。

2. 砧木苗的培育

(1) 苗圃地整理

苗圃地最好选择旱能灌、涝能排、通气良好的沙壤土，并注意不要重茬。苗圃地冬季进行深耕翻土，每 667m^2 施优质基肥 2 500～5 000kg、复合肥 40～50kg。播种前整平做畦，畦宽 1～1.5m，在地下水位高或雨水多的地区采用高畦，以利于排水；在干旱或水位低的地区则采用低畦，以利于灌溉。同时，除去影响种子发芽的杂草、残根和石块等杂物。每平方米撒施 5％辛硫磷颗粒剂 4.5g，用来防治蛴螬、蝼蛄及地老虎等害虫。

(2) 播种

①播种时期。梨砧木种子进行采集和预处理后要选择合适的时期进行播种。在冬季时间较短、气候不太冷和土壤湿度较好的地区适合秋播，播后在露地通过低温阶段，省去沙藏处理的过程，长江流域在 10 月上旬至 11 月中旬播种；华北地区在 10 月中旬至 11 月上旬播种。在冬季严寒、干旱、风沙大的地区适合春播。春播时间，长江流域在 2 月下旬至 3 月中旬，华北地区在 3 月中旬至 3 月下旬，东北和西北寒冷地区在 3 月下旬至 4 月上旬。

②播种方法。一般采用条播。在播种前，将土地深翻 20～30cm，每 667m^2 施基肥 2 500kg 左右，平整后起垄，行距为 45cm 左右。为节省用地，可用双行带状条播，窄行行距为 20～24cm，宽行行距为 45cm。播种株距为 6～10cm，开沟粒播，最好在 80％种子刚刚发芽露白时播种。播后覆土，厚度不超过 2cm，再覆盖地膜，保水保墒，芽出土后可捅破地膜，在破口处覆土。待种子基本发芽后可在膜上覆土，这样可以防止杂草生长，省去除草工序。

(3) 播后管理

幼苗出土后，要经常进行中耕除草，松土保墒，分次间除密苗、弱苗、病虫苗。干旱时，应进行细雾喷灌。在干旱地区，可用干草、树叶等覆盖畦面。待幼苗出土时，先将覆盖物揭去一半，待出苗率达 50％左右时，即将覆盖物全部揭去。同时，要注意及时防治鸟害和鼠害。幼苗株距为 7～10cm，每 667m^2 出苗 8 000～10 000 株。苗高 0.3m 时，留大叶 7～8 片后进行摘心，并结合浇水，每 667m^2 追施尿素 7～10kg，促使苗木增粗。以后，相隔 10d 再追施两次肥。幼苗猝倒病（或立枯病）是主要病害，一般用杀菌剂甲基硫菌灵、代森锰锌等防治。发现有蚜虫时，可喷施 40%氧化乐果乳油 1 000 倍液。发现卷叶蛾时，可喷施 50%敌敌畏乳油 1 000 倍液。若卷叶蛾数量少，人工摘除虫叶即可。另外，要及时除草防病，保证砧木苗健壮生长，为进一步培育优质品种苗奠定良好基础。

（二）嫁接苗的繁育技术

1. 接穗的采集和贮运

采集接穗时，应选择品种纯正、树势健壮、进入结果期、无枝干病虫害的母株，剪取树冠外围生长充实、芽体饱满的 1 年生枝作接穗。每 50 条或 100 条扎成一捆，做好品种标记。从外地采集接穗时，要搞好包装，用湿锯末填充空隙，外包一层湿草袋，再用塑料薄膜包装，以保持湿度。要尽量减少运输时间，防止日光暴晒。到达目的地后，应立即打开，竖放在冷凉的山洞、深井或冷库内，并用湿沙埋起来。湿沙以手握成团、一触即散为宜。

嫁接时，将接穗基部剪去 1cm，竖放在深 3～4cm 的清水中浸泡一夜，以备翌日使用。

2. 嫁接

嫁接，就是将接穗接到砧木苗上，使接穗和砧木苗成为嫁接共生体。砧木构成其地下部分，接穗构成其地上部分。接穗所需的水分和矿质营养由砧木供给，而砧木所需的同化产物由接穗供应。梨树嫁接方法主要分为芽接法和枝接法。

（1）芽接法

以芽片为接穗的嫁接繁殖方法称为芽接，是应用最为广泛的一种嫁接方法。其主要优点是节省接穗，接口愈合好，操作简便，易掌握，可嫁接的时间长，成活率和效率高，容易对未接活的植株进行补接等。芽接的方法主要分为不带木质部的芽接和带木质部的芽接2种。

①不带木质部的芽接。不带木质部的芽接要求制取的芽片不带或少带木质部，在生产上要求在皮层容易剥离，砧木达到嫁接要求的粗度，接芽发育充实时才可进行。我国多数地区在7月下旬至9月上中旬嫁接成活率最高。常用的不带木质部的芽接方法有T形芽接、方形贴皮芽接及套芽接等。

T形芽接：也称为盾片芽接。用于1年生砧木苗上的嫁接方法。嫁接时，左手拿接穗，以右手持芽接刀，先在芽上方0.5cm处横切一刀，然后在芽下1~1.2cm处向上斜削一刀，达到木质部，形成一个盾状芽片，用手取下。然后在要嫁接的1年生砧木上距地面3~5cm处切一个T形切口，深达木质部，用刀剥开，将盾形芽片插入切口内，至芽片的横切口与砧木的横切口对齐为止。最后用地膜捆绑，把叶柄露在外面，露芽或不露芽均可。

方形贴皮芽接：也称为方块芽接或"口"字形芽接。由于接芽与刀片接触机会少，与砧木接触面大，所以嫁接成活率高。大小砧木均可采用。用刀片间距2cm左右的专用双刃芽接刀，从接穗枝条上切取不带木质部的方块形芽片，紧贴在砧木上与芽片大小相同、去掉皮层的方形切口上，露芽捆扎即可。

②带木质部芽接。当砧木和接穗不离皮时，采用带木质部芽接。春季和秋季均可进行，我国南方一些地区几乎可以周年嫁接，在大多数地区2~4月和8~9月两个时期的嫁接成活率最高。常用的嫁接方法为嵌芽法。先从1年生枝接穗芽上向下斜削成带木质的盾片，在芽下1.2cm处斜切成舌片状。然后用右手将砧木压斜，在距地面3~5cm处的树皮光滑处，从上向下斜削，在相当于接芽盾片长度处斜切一刀，取下砧木上的盾片。将接穗盾片插入砧木切口，使两者相互吻合，形成层紧密结合，最后用地膜自下而上全面绑缚。

（2）枝接法

枝接是指以带芽枝段为接穗的一种嫁接繁殖方法。在苗木繁殖中应用不多，主要用于对秋季芽接未成活的苗木，在翌春进行补接。但在砧木较粗，砧木、接穗处于休眠期不易剥离皮层，高接换种或利用坐地苗建园时，采用枝接法更为有利。枝接在果树苗木繁殖中应用较多的是劈接、切接、皮下接等。

①劈接法。这也是生产上应用较多的一种方法。多在春季芽萌动而又尚未发芽前进行。

嫁接时，首先在砧木上离地面 3～5cm 处将砧木剪断，剪口要平齐，在断面直径上向下直切一刀，深 2～3cm，然后削取接穗。选带 2～4 个芽的一段，在下部的两侧各削一刀，削时应外面稍厚、里面稍薄而呈楔形，削面要平滑。削时应在距下部芽 1cm 处下刀，以免过近伤害下芽。最后用芽接刀撑开砧木切口，插上接穗，用塑料薄膜把接口包扎好，再套上塑料袋，避免水分蒸发。插接穗时，要求接穗厚面向外、薄面向里，接穗和砧木的形成层靠一侧密接并注意不要把削面全部插入，应留 0.5cm 左右，称为留白。

②单芽切腹接。此法适合于小枝嫁接。以山东地区为例，可在 2 月中旬至 4 月中旬进行高接，一般 3 年生以下的树每株高接 4～10 个枝头，4～6 年生树每株高接 10～30 个枝头，7～10 年生树每株高接 30～80 个枝头，11 年生以上的大树每株高接 81～150 个枝头。高接时，先剪接穗，从距接芽下 0.3～0.5cm 处将接芽削成楔形，削面一侧略厚，留一个接芽，在芽上方 0.5cm 处剪平。高接枝留 4～6cm 剪平，在距截面 3～4mm 处斜向下剪一剪口，长度比接穗的长削面略长。在剪子抽出前，将接穗插入，注意接穗的形成层与高接枝的形成层对齐。接穗的深度要适宜，要把接穗切面的木质部露出 3～4mm。接穗插好后要立即包扎，先用薄膜绕接口 2～3 圈，固定接芽，防止接芽松动，然后将薄膜顺接穗上绕，把接穗上剪口裹严，接芽露在薄膜外，再将薄膜顺接穗下绕至接口，绕扎于接口上。接后抹除高接枝上萌发的不

定芽，一般抹芽 3～4 次。新梢长到 30cm 左右时，绑支架防止风吹折，一个接穗绑一个支架。接穗上的新梢长 40cm 时摘心；6月下旬至 7 月上旬，新梢长 80～120cm 时，用竹竿绑缚拉枝开角，开张角度为 50°～60°。

③皮下接。此法适合于剪锯口较粗而又没有根枝的枝头嫁接。在其剪锯口处，用嫁接刀向下割 2～3cm 至形成层，将削成马蹄形的接芽插于皮内，用塑料薄膜从接芽顶部将嫁接部位包严缠紧。

3. 嫁接苗的管理

（1）检查成活与补接

春季进行劈接或嵌芽接，约 1 个月便愈合。嫁接后半个月内，接穗或接芽保持新鲜状态或萌发生长，说明已成活；相反，如接穗或接芽干缩，说明未接活，应及时在原接口以下部位补接。或留 1个萌蘖，到夏季再进行芽接。夏、秋两季芽接后 7～10d 愈合。此时，接芽保持新鲜状态，或芽片上的叶柄用手一触即落，则说明已成活；相反，接芽干缩或芽片上的叶柄用手触摸不落，则说明未接活。

劈接苗或嵌芽接苗，一般在接后一个半月解绑；夏、秋季芽接苗，在接后 20d 解绑。解绑不宜过早，过早会影响成活。

（2）剪砧及除萌

越冬后的半成苗应在发芽前将芽以上砧木部分剪去以集中养分供给接芽苗生长，称为剪砧。秋季嫁接苗应在翌春发芽前剪砧；春季嫁接的苗木，多在确认接活后剪砧；为缩短育苗年限，促使接芽早萌发、早生长，嫁接后应立即剪砧。

通常，剪砧时应紧贴接芽横刀口上部 0.5～1cm 处进行，一次性剪除砧干，剪口要略向接芽背面倾斜，但不要低于芽尖，并且要平滑，防止劈裂。

剪砧后，由于地上部较小，地下部相对强大，砧木部分容易发生萌蘖，消耗植株养分，影响接芽或接穗生长，因此必须及时除萌。

（3）肥水管理及病虫害防治

苗木追肥，特别是在苗木生长前期，及时、合理地追肥，对苗木迅速、健壮地生长有重要的作用。苗木追肥应以氮肥为主，后期偏重磷肥和钾肥。施肥时，沿苗行挖浅沟，将肥料均匀撒施于沟内，覆土后浇水。在夏季及早秋可以采用叶面喷肥的方法进行根外追肥，苗木施肥一般情况下每 667m² 追施尿素 6kg 或使用硫酸铵 16kg、有机肥 250kg 左右。喷施叶面肥时要注意肥料的浓度，以防止肥害，一般硫酸铵浓度为 0.2%，尿素浓度为 0.3%～0.5%，过磷酸钙浓度为 1%～3%，磷酸二氢钾浓度为 0.3%，硫酸钾浓度为 0.3%，有机肥浓度为 10%左右。

苗木的病虫害种类较多，应着重注意金龟子、蚜虫类、螨类等虫害，以及白粉病、梨锈病等病害的发生。

（三）脱毒苗木的繁育技术

果树病毒是指能够侵染果树，导致果树生长结果不良的病毒和类菌原体。长期采用营养繁殖的果树传毒快，发病率高，危害范围广。我国报道的梨病毒有 6 种，分别为梨脉黄病毒、梨环纹花叶病毒、苹果茎沟病毒、榅桲矮化病毒、苹果锈果类病毒和梨锈皮类病毒，其中前 3 种的带毒株率分别为 61.8%、44.3%、32.8%。多数病毒侵入果树后进行慢性危害，最终导致树势衰弱、产量锐减、果实品质下降。根据病毒侵染果树后的反应和特点不同，可分为潜隐性病毒和非潜隐性病毒两大类。对已感染病毒的果树无有效治愈方法，只能采取预防措施，以控制病毒蔓延。栽植无病毒苗木，是防止果树病毒病的主要途径和有效措施。

各地实践表明，培育无病毒梨苗，建立无病毒果园，不仅梨苗木生长健壮、旺盛，且产量高、果实品质好，经济效益也明显增加。

无病毒果苗是指经过脱毒处理和病毒检测，证明确已不带病毒的苗木。获得无病毒梨苗木有 3 种途径：一是从果园高产优质的健壮树上选枝进行繁殖；二是从国外引进无病毒材料；三是人工培育无病毒母本树。实际生产中应用最多、效果最好的就是人工培育脱毒苗，常用的脱毒方法有以下几种。

1. 热处理法

一定的高温条件能使相应的病毒钝化，延缓病毒扩散速度并抑制病毒增殖，使果树生长速度超过病毒的扩散速度，达到正在生长的果树组织内不含病毒的目的，再将不含病毒的组织取下，培养成无病毒体。热处理分为恒温和变温处理两种。

（1）恒温热处理

将梨苗放在 37℃恒温条件下处理 28～30d，切取 0.5～1.0cm 嫩梢嫁接在实生苗（如山荆子种子萌发的实生苗不带病毒）上可获得无病毒植株，但概率较低。

（2）变温热处理

将带病毒梨苗在 32℃和 38℃每 8h 变温一次或 30℃和 38℃每 4h 变温一次的条件下处理 60d 或 30d 后，剪取 0.6～1.0cm 嫩梢，劈接或皮下接在实生杜梨砧木上，可获得无病毒植株。

热处理法对设备要求不高，技术简单，短时间内即可脱除病毒，可有效脱除梨环纹花叶病毒、梨脉黄病毒和榅桲矮化病毒，但恒温处理容易造成 12.5%～100%梨苗死亡，而变温处理可降低死亡率。热处理对苹果茎沟病毒脱除率为 68.9%，难以完全脱除。生产中应综合考虑脱毒梨品种的耐热性、病毒的种类、嫁接成活率等因素，选择适宜的处理方法和温度。

2. 茎尖培养法

果树茎尖生长点（0.1～1.0mm）大多不带病毒或病毒浓度很低。利用组织培养技术切取微茎尖进行培养即可达到脱除病毒的目的。所切取的茎尖越小，脱除病毒的概率越大，但外植体成活率越低。

3. 热处理结合茎尖培养法

对一些能用茎尖培养和热处理脱除的病毒采用这种方法，脱毒效果更好。一是切取经过热处理或长出的新梢 0.5～0.8mm 的茎尖，进行组织培养。二是先行微茎尖组织培养分化成壮苗，将其继代苗放入 37℃ 恒温光照培养箱中进行热处理，再切取 0.3～0.5mm 的茎尖组织进行培养并准备病毒检测。

4. 化学制剂法

由于有些化学制剂对病毒的复制具有抑制作用，如抗病毒醚和二氢尿嘧啶（DHT）等化学药剂对梨树病毒病具有潜在的治疗作用，可在培养基中加入部分脱除梨的苹果褪绿叶斑病毒，而在苹果上应用较多，效果更好。

目前，用热处理脱除果树病毒是世界上应用最早、最广泛且行之有效的方法。茎尖组织培养的脱毒方法在实际生产中应用较少，主要是因为茎尖培养困难，成活率低，生根难，不同品种生根率有差异，丰水的生根率最高，仅达到 75%。因此，其育苗成本高，在很大程度上限制了试管苗的商品化生产。对于热处理不能或较难脱除的病毒，用茎尖组织培养或两者结合的方法可以获得无病毒个体。

5. 无病毒化栽培

无病毒化栽培是指利用经过热处理或茎尖培养等方法脱除病毒后的苗木进行种植、管理，并获得高产、优质果品。目前欧美各国的实践证明，栽培无病毒苗木不仅可以有效防止梨病毒病的发生，还可以明显提高果品产量和质量，是一项行之有效的果树栽培技术。目前，我国的苹果、柑橘、葡萄等果树无病毒栽培已取得了显著成效，但梨脱毒苗还未在生产上大量应用，随着食品安全观念的加深和绿色食品梨生产的发展，梨树无病毒栽培将被推广普及。

（四）苗木出圃、包装与运输

1. 苗木出圃时间及方法

苗木达到要求的标准即可出圃。梨苗多在秋季苗木新梢停止生长并已木质化、顶芽已经形成，叶片脱落后可起苗。起苗前应在田间做好标记，防止苗木混杂。

起苗前如圃地干旱应提前2～3d浇水，使土壤疏松、潮润，此时起苗省力且不易伤根。起苗时注意保护苗木根系，做到不伤大根，多留侧根、须根。起苗后避免风吹日晒，保持根系的湿润。此外，应保护好苗木的干、芽和嫁接口。有条件的苗圃可采用机械起苗。

2. 苗木的分级

苗木起出后，应按照相应的苗木标准划分等级。一般可分成1～3级，不合格的苗木应留圃继续培养，剔除无培养价值的苗木。梨实生砧木苗木分级标准见表3-1。

表3-1　梨实生砧木苗木分级标准

项目		规格	
		一级	二级
品种与砧木		纯度≥95%	
根	主根长度（cm）	20～25	
	主根粗度（cm）	≥1.2	≥1.0
	侧根长度（cm）	15.0	
	侧根粗度（cm）	≥0.3	≥0.2
	侧根数量（条）	≥5	≥4
	侧根分布	均匀、舒展而不卷曲	
基砧段长度（cm）			
苗木高度（cm）		≥120	≥100

（续）

项目	规格	
	一级	二级
苗木粗度（cm）	≥1.0	≥0.8
倾斜度	≤15°	
根皮与茎皮	无干缩皱皮、无新损伤，旧损伤总面积≤1cm²	
饱满芽数量（个）	≥8	≥8
接口愈合程度	愈合良好	

3. 苗木的包装、运输和保存

经检疫合格的苗木，即可按等级包装外运。包装时，按品种每捆 50 株或 100 株扎好，挂上标签，注明品种、数量和苗木等级。打捆时把根系端摆齐，在近根系部位和苗木上部 1/3 处各捆一道草绳，将苗木扎紧。然后把成捆的苗木根端装入比较厚的塑料包装袋内（用麻袋、编织袋等包装也可以），紧贴包装袋内壁填塞湿稻草，将根系全部用湿草围起来，最后用绳扎紧袋口。为防止苗干部分失水，最好用塑料布裹严。为节约起见，可不分别包裹，装车前在车厢中衬上大块塑料薄膜，然后把成捆的苗木排入车厢，最后将四周的塑料薄膜掀起盖在苗上，上面用篷布包盖严密，既可有效地保持水分，又能减轻运输途中的风害失水。

苗木不立即外运或栽植时，可挖沟进行假植。假植地点应选择地势平坦、背风、不易积水处。假植沟一般为南北方向，沟深 0.5m、宽 0.5～1m，沟长依苗木的数量而定。假植时，苗木倾斜放入，根部用湿沙填充，将根和根茎以上 30cm 的部分埋入土内并踏实，严寒地区应埋土到定干高度。苗木外运时，必须采取保湿措施。途中要经常检查，发现干燥应及时喷水。

四、建园与种植

（一）对环境条件的要求

1. 温度

　　梨树在我国分布很广，抗性强，但不同种类的梨，对温度要求不同。秋子梨最耐寒，可耐－35～－30℃低温，白梨系统可耐－25～－23℃低温，砂梨及西洋梨可耐－20℃左右。不同的品种亦有差异，如日本梨中的明月可耐－28℃，比同种的其他梨耐寒。我国秋子梨系统产区生长季节（4～10 月）平均气温为 14.7～18.0℃，休眠期平均气温为－13.3～－4.9℃；白梨和西洋梨系统产区生长季节平均气温为 18.1～22.2℃，休眠期平均气温为－3.0～3.5℃；砂梨系统产区生长季节平均气温为 15.8～26.9℃，休眠期平均气温为 5～17℃；秋子梨、白梨和西洋梨喜暖温、冷凉气候，大多宜在北方栽培。白梨适应范围较广，西洋梨适应性较差。温度过高，亦不适宜栽培，高达 35℃以上时，生理即受阻碍，因此白梨、西洋梨在年平均气温大于 15℃的地区不宜栽培，秋子梨年平均气温大于 13℃的地区不宜栽培。梨树的需寒期，一般为<7.2℃的时数为 1 400h，但品种间差异很大，如鸭梨、茌梨需 469h，库尔勒香梨需 1 371h，秋子梨的小香水需 1 635h，砂梨最短，有的甚至无明显的休眠期。

　　梨树一年当中生长发育与气温变化的密切关系表现在物候期。梨树日平均气温达到 5℃时，花芽萌动，开花则要求 10℃以上的气温，14℃以上时开花较快。梨花粉发芽要求 10℃以上的气温，

24℃左右时花粉管伸长最快，4～5℃时花粉管即受冻。West Edifen 认为花蕾期冻害危险温度为－2.2℃，开花期为－1.7℃。有人认为－3～－1℃花器就会遭受不同程度的伤害。枝叶旺盛生长要求大于 15℃以上的日平均气温。梨的花芽分化，日平均气温 20℃以上为好。

温度对梨果实成熟期及品质有重要影响，一般果实在成熟过程中，昼夜温差大，夜温较低，有利于同化作用，有利于着色和糖分积累，果实品质优良。我国西北高原、南疆地区夏季昼夜温差多在 10～14℃，所以自东部引进的品种品质均比原产地好。

2. 光照

梨树是喜光性果树，对光照要求较高。一般需要年日照时数 1 600～1 700h，光合作用随光照度的增强而增强。据研究，肥水条件较好的情况下，阳光充足，梨树叶片可增厚，光合产物增多，果实的产量和质量均得到提高。树高在 4m 时，树冠下部及内膛光照较好，有效光合面积较大，但上部阳光很充足，亦未表现出特殊优异，这可能与光过剩和枝龄较幼有关。树冠下层的叶，对光量增加反应迟钝，光合补偿点低（200lx 以下）；树冠上层的叶，对低光反应敏感，光合补偿点高（约 800lx）。下层最隐蔽区，虽光量增加，但光合效率却不高，因光饱和点亦低，这与散射、反射等光谱成分不完全有关。一般以一天内有 3h 以上的直射光为好。据日本对梨品种二十世纪的研究，相对光量愈低，果实色泽愈差，含糖量也愈低，短果枝上及花芽的糖与淀粉含量也相应下降，果实小，即便翌年气候条件较好，果实的膨大情况也明显不好；全日照 50%以下时，果实品质即明显下降，20%～40%时即很差。树冠从外到内光量递减，内层光照最弱，为非生产区，果小，质量差。果实产量和质量最好的光量为自然光量的 60%以上，树冠中外层区间，受光量最适宜，叶片光合产物增多，是产量高和优质果实的主要着生部位。梨树通风通光，花芽分化良好，坐果率高，果大，含糖量高，维生素 C 含量增加，酸度降低，品质优良，并有利于着色品种的着色；另外，光照充足还能使梨果皮蜡质发达和角质层增厚，果面具光泽，增强梨果的贮藏性能。

3. 水分

梨树喜水耐湿，需水量较多，形成 1g 干物质，需水量为 353～564mL，但树种和品种间有区别，西洋梨、秋子梨等较耐干旱，砂梨需水量最多，砂梨形成 1g 干物质需水量约为 468mL，在年降水量为 1 000～1 800mm 的地区，仍生长良好。而抗旱的西洋梨形成 1g 干物质仅需水 284～354mL。白梨、西洋梨主要产在年降水量500～900mm 的地区，秋子梨最耐旱，对水分不敏感。从日出到中午，叶片蒸腾速率超过水分吸收速率，尤其是在雨季的晴天。从午后到夜间水分吸收速率超过蒸腾速率时，则水分逆境程度减轻，水分吸收率和蒸腾率的比值 8 月下旬比 7 月上旬和 8 月上旬要大些。午间水分吸收停滞，巴梨表现最明显。在干旱状况下，白天梨果收缩发生皱皮，如夜间能吸水补足，则可恢复或增长，否则果小或始终皱皮。如久旱遇雨，可恢复肥大直至发生角质明显龟裂。

一年中梨树的各物候期对水分的要求也不相同。一般而言，早春树液开始流动，根系即需要一定的水分供应，此期水分供应不足常造成延迟萌芽和开花。花期水分供应不足则引起落花落果。新梢旺盛生长期缺水，新梢和叶片生长衰弱，过早停长，并影响果实发育和花芽分化，此期常被称为需水临界期。6 月至 7 月上旬梨树进入花芽分化期，需水量相对减少，如果水分过多，则推迟花芽分化，亦引起新梢旺长。果实采收前要控制灌水，以免影响梨果品质和贮藏性。

梨比较耐涝，但土壤水分过多会抑制根系正常的呼吸，在高温静水中浸泡 1～2d 即死亡；在低氧水中，9d 便发生凋萎；在较高氧水中 11d 便凋萎；在浅流水中 20d 亦不凋萎。在地下水高、排水不良、空隙率小的黏土中，根系生长不良。久雨、久旱都对梨生长不利，要及时灌水和排涝。

4. 土壤

梨树对土壤条件要求不是很严格，适应范围较广。沙土、壤土、黏土都可栽培，但仍以土层深厚、土质疏松、地下水位较低、排水良好的沙壤土结果质量为最好。我国著名梨区大都是冲积沙地，或保水良好的山地，或土层深厚的黄土高原。但渤海湾地区、江南地区普遍易缺磷，黄土高原华北地区易缺铁、锌、钙，西南高原、华中地区易缺硼。梨适宜中性土壤，但要求不严，pH 5.8～8.5 均可生长良好。不同砧木对土壤的适应力不同，砂梨、豆梨较耐酸性土壤，在 pH 5.4 时亦能正常生长；杜梨在 pH 8.3～8.5 亦能正常生长结果。梨亦较耐盐，一般在含盐量不超过 0.25％的土壤上均能正常生长，而在含盐量超过 0.3％时即受害。杜梨比砂梨、豆梨耐盐力强。

5. 其他因素

微风与和风有利于梨树的正常生长发育，风速过大、风势过强，超过梨树的忍耐程度，就会造成风害。早春大风加重幼树抽条，大风损伤树体、花器和造成落果等。

冰雹是北方主要自然灾害之一，特别是山区常受其害，冰雹对梨树造成的危害相当大，在建园时要重点加以考虑。

（二）生态梨园建设

1. 对生态环境条件的要求

（1）大气监测标准及有害气体的污染

①大气监测标准。大气监测可参照国家制定的大气环境质量标准（GB 3095）执行。大气环境质量标准分以下 3 级（表 4-1）。

一级标准：为保护自然生态和人群健康，在长期接触情况下，不发生任何危害性影响的空气质量要求。生产绿色食品和无公害果品的环境质量应达到一级标准。

二级标准：为保护人群健康和城市、乡村的动植物，在长期和短期接触的情况下，不发生伤害的空气质量要求。

三级标准：为保护人群不发生急慢性中毒和保持城市一般动植物（敏感者除外）正常的空气质量要求。

表 4-1 大气环境质量标准

污染物	取值时间	浓度限值（mg/dm³）		
		一级标准	二级标准	三级标准
总悬浮微粒	日平均	0.15	0.30	0.50
	任何一次	0.30	1.00	1.50
飘尘	日平均	0.05	0.15	0.25
	任何一次	0.15	0.50	0.70
二氧化硫	年日平均	0.02	0.06	0.10
	日平均	0.05	0.15	0.25
	任何一次	0.15	0.50	0.70
氮氧化物	日平均	0.05	0.15	0.15
	任何一次	0.10	0.15	0.30
一氧化碳	日平均	4.00	4.00	6.00
	任何一次	10.00	10.00	20.00
光化学氧化剂（臭氧）	每小时平均	0.12	0.16	0.20

②有害气体的污染。随着经济的快速发展，大气污染日益严重，尤以靠近工矿企业、车站、码头、公路的农林作物受害更重。大气污染物主要包括二氧化硫、氟化物、臭氧、氮氧化物、氯气、碳氢化合物以及粉尘、烟尘、烟雾、雾气等气体、固体和液体颗粒。这些污染物既能直接伤害果树，又能在植物体内外积累，人们使用后会引起中毒。

（2）土壤标准及土壤改良

①土壤标准。土壤中污染物主要是有害重金属和农药。果园土壤监测的项目包括汞、镉、铅、砷、铬 5 种重金属和六六六、滴滴涕两种农药以及 pH 等。其中，土壤中的六六六、滴滴涕残留标准均不得超过 0.1mg/kg，5 种重金属的残留标准因土壤质地而有所

不同，一般与土壤背景值（本底值）相比，可参阅《中国土壤背景值》。土壤污染程度共分为 5 级：1 级（污染综合指数≤0.7）为安全级，土壤无污染；2 级（污染综合指数 0.7～1）为警戒级，土壤尚清洁；3 级（污染综合指数 1～2）为轻污染，土壤污染超过背景值，作物、果树开始被污染；4 级（污染综合指数 2～3）为中污染，即作物或果树被中度污染；5 级（污染综合指数>3）为重污染，作物或果树受污染严重。只有达到 1～2 级的土壤才能作为生产无公害果品基地。

②土壤改良。梨园土壤深翻熟化，要求深翻达到 80cm 左右，通气良好，含氧量 5％以上，有机质含量 1％左右。山地、丘陵要扩穴深翻，沙地园要抽沙换土，黏土梨园需客土压沙，深翻一般在晚秋至早春结合施有机肥进行。

深翻后一方面增强了土壤通气性，有利于土壤中微生物的活动，从而加速肥效的发挥；另一方面，打破土壤障碍层，扩大了根系的分布范围，对山丘薄地、有黏板层的黏土地及盐碱地尤为重要。通过深翻，深层土壤的根系生长因环境条件的改善而好转，由于深层土壤的温度、水分等比较稳定，深翻的根，冬季不停止活动，提高了果树的抗冻、抗旱能力。

深翻主要有以下几个时期。

秋季深翻：通常在果实采收前后结合秋施基肥进行。此时树体地上部分生长缓慢或基本停止，养分开始回流和积累，又值根系再次生长高峰，根系伤口易愈合，易发新根；深翻结合灌水，使土粒与根系迅速密接利于根系生长。因此，秋季是果园深翻的较好时期。但在干旱无浇水条件的地区，根系易受旱、冻害，地上枝芽易枯干，此种情况不宜进行秋季深翻。

春季深翻：应在土壤解冻后及早进行。此时地上部分尚处休眠状态，而根系刚开始活动，深翻后伤根易愈合和再生。从土壤水分季节变化来看，春季化冻后，土壤水分向上移动，土质疏松，操作省工。我国北方多春旱，翻后需及时浇水，早春多风地区蒸发量大，深翻过程中应及时覆土，保护根系。风大干旱和寒冷地区不宜春季深翻。

夏季深翻：最好在根系前期生长高峰过后，雨季来临前后进行。深翻后的降雨可使土粒与根系密接，不致发生吊根或失水现象。夏季深翻伤根易愈合，但如果伤根过多，易引起落果。结果期大树不宜在夏季深翻。

冬季深翻：宜入冬后至土壤封冻之前进行。深翻后要及时添土，以防冻根；如墒情不好，应及时灌水，防止露风伤根；如果冬季雨雪稀少，翌年宜及早春灌。北方寒冷地区多不宜冬季深翻。

深翻深度以比果树根系集中分布层稍深为宜，一般在 60～90cm，尽量不伤或少伤 1cm 以上的大根，因为梨树根系稀疏，大根伤后，恢复较慢。深翻的方法主要有如下几种。

深翻扩穴：以栽植穴为中心，每年或隔年向外深翻扩大栽植穴，直到全园株行间全部翻遍为止。这种方法在山地、平地都可采用，对果园面积比较大、劳力少的情况比较适用。由于每次扩穴都要伤到一部分根，为避免因伤根而影响梨树生长结果，这种方法多在幼树期使用。

隔行深翻：隔一行深翻一行，分两次完成，每次只伤一侧根系，对果树影响较小。这种方法适用于初结果的梨园。

全园深翻：对栽植穴以外的土壤一次深翻完毕。全园深翻范围大，只伤一次根。这种方法有利于平整园地和耕作。

另外，套袋梨园应结合浅锄及化学除草的方法消灭杂草，严防杂草丛生，否则有碍通风透光，消耗地力，且病虫滋生，果实品质变劣。浅锄既免伤根系，又有利于土壤通气、提高地温和保墒等，是套袋梨园土壤管理的好办法。

(3) 灌溉水标准及灌水排水

果园灌溉水要求清洁无污染，并符合国家《农田灌溉水质量标准》（GB 5084—2005），其主要指标是：pH 5.5～8.5，总汞含量≤0.001mg/L，总镉含量≤0.01mg/L，总砷含量≤0.1mg/L（旱作），总铅含量≤0.2mg/L，铬（六价）含量≤0.1mg/L，氯化物含量≤350mg/L，氟化物含量 2mg/L（高氟区）、3mg/L（一般区），氰化物含量≤0.5mg/L。除此之外，还有细菌总数、大肠菌群、化学耗氧量、生化耗氧量等。水质的污染物指数分为 3 个等级：1 级（污染指数≤0.5）为未污染；2 级（污染指数 0.5～1）为尚清洁（标准限量内）；3 级（污染指数≥1）为污染（超出警戒水平）。只有符合 1～2 级标准的灌溉水才能生产无公害果品。

梨树生长发育离不开水，水对于梨树相当重要。土壤含水量为土壤最大持水量的 60%～70% 最为适宜，低于或高于这个范围都对梨树生长不利，灌水量以浸透根部分布层（40～60cm）为准，梨园灌水应根据天气情况，原则上随旱随灌，做到灌、排、保、节水并重。施肥与灌水并重，一般每次施肥后均应灌水，以利肥效的发挥。因此，在萌芽期、幼果膨大期、催果膨大期及封冻前，全年至少应浇 4 次水。梨园供水应平稳，灌水的量以灌透为度，避免大水漫灌，否则不但浪费水而且效果不好。套袋梨园采前 20d 应禁止灌水，否则果实含糖量降低。套袋梨园果实易发生日烧病，因此土壤应严防干旱，浇水次数和浇水量应多于不套袋梨园，一般套完袋要浇一遍透水防止日烧。

梨树尤其是杜梨为砧木的梨树较为耐涝，但也应坚持排水，生产中往往对此重视不足，有些人甚至片面地认为水越多越好。土壤中水分含量与空气含量是一对矛盾，土壤中水分含量过多则发生涝害，根系缺氧窒息，吸肥吸水受阻，轻者叶片光合效率下降，重者造成烂根，甚至出现死树现象。

2. 示范基地建设

(1) 依靠政府调整土地资源

在当地政府的配合协调下，努力把分散的专业户组织起来，推动土地要素流动，采取灵活多样的方式，实现土地适度规模经营，以便于统一管理和技术指导。这是农村提高劳动生产率、实现农业现代化的重要条件。

(2) 加强技术指导

梨生产集约化经营水平要求较高，要按照标准化安全生产技术规程全面推广。培训果农，提高技术、文化素质；培养、建立一支具有实践经验的技术指导队伍。

(3) 新品种示范与推广

安全生产应该根据生态环境条件的要求和市场需要，栽植和管理适销对路的新品种。推进良种化、区域化栽培；加快新技术、新成果推广，提高果品质量。

(4) 创立名牌

实施名牌战略是一项系统的工程，首先根据市场的需求，制订发展战略规划，集中人力、物力、财力，运用现代经营策略和手段，开发高档产品；名牌商品以稳定配套技术标准和人才经营优势为基础，因此必须在生产技术、人才素质、经营管理等方面提高业务水平，开拓国内外市场，以提高市场的占有率，同时也对果业生产具有带动全局的作用。

(三) 园地选择与建园

1. 园地选择

梨树比较耐旱、耐涝和耐盐碱，对土壤条件要求不严，在沙地、滩地、丘陵山区以及盐碱地和微酸性土壤上都能生长，但以在土层深厚、质地疏松、透气性好的肥沃沙壤土上栽植的梨树比较丰产、优质。

一般而言，平原地要求土地平整、土层深厚肥沃；山地要求土层深度 50cm 以上，坡度 5°～10°，坡度越大，水土流失越严重，不利于梨树的生长发育，北方梨园适宜在山坡的中下部栽植。而梨树对坡向要求不是很严格。盐碱地土壤含盐量不高于 0.3%，如含盐量高，则需经过洗碱排盐或排涝进行改良后栽植。沙滩地地下水位在 1.8m 以下。

2. 园地规划

园地规划主要包括水利系统的配置、栽培小区的划分、防护林的设置以及道路、房屋的建设等。

小区又称为作业区，为果园的基本生产单位，是为方便生产管理而设置的。大型梨园应划分为若干小区。平地梨园小区的面积一般以 3.33～6.67hm² 为宜，为长方形。山地和丘陵地可以一面坡或一个山丘为一个小区，其面积因地而宜，长边沿等高线延伸，以利于水土保持工程施工和操作管理。

大型梨园的道路规划分为干路、支路和小路 3 级。干路建在大区区界，贯穿全园，外接公路，内联支路，宽 6～8m。支路建在小区区界，与干路垂直相通，宽 4m 左右。小路为小区内作业道，一般宽 2m 左右。平地果园的道路系统宜与排灌系统、防护林带相结合设置。山地果园的作业路应沿坡修筑，小路可顺坡修筑，多修在分水线上。小型果园可以不设干路与小路，只设支路即可。

水是建立梨园首先要考虑的问题，要根据水源条件设置好水利系统。有水源的地方要合理利用，节约用水；无水源的地方要设法引水入园，拦蓄雨水，做到能排能灌，并尽量少占土地面积。

(1) 小区设计

为了便于管理，可根据地形、地势以及土地面积确定栽植小区。一般平原地每 1～2hm² 为一个小区，主栽品种 2～3 个；小区之间设有田间道，主道宽 8～15m，支道宽 3～4m。山地要根据地形、地势进行合理规划。

(2) 栽植防护林

防护林能够降低风速、防风固沙、调节温度与湿度、保持水土，从而改善生态环境，保护果树的正常生长发育。因此，建立梨园时要搞好防护林建设工作。一般每隔 200m 左右设置一条主林带，方向与主风向垂直，宽 20～30m，株距 1～2m，行距 2～3m；在与主林带垂直的方向每隔 400～500m 设置一条副林带，宽 5m左右。小面积的梨园可以仅在外围迎风面设一条 3～5m 宽的林带。

3. 授粉树的配置

大多数的梨品种不能自花结果，或者自花坐果率很低，生产中必须配置适宜的授粉树。授粉品种必须具备如下条件：①与主栽品种花期一致；②花量大，花粉多，与主栽品种授粉亲和力强；③最好能与主栽品种互相授粉；④本身具有较高的经济价值。几个主栽品种的主要授粉品种见表4-2。

表4-2 主栽品种与授粉品种一览表

主栽品种	授粉品种
鸭梨	雪花梨、砀山酥梨、茌梨、栖霞香水梨、秋白梨、京白梨、锦丰梨
茌梨	栖霞香水梨、鸭梨、砀山酥梨、莱阳秋白梨
雪花梨	鸭梨、砀山酥梨、茌梨、秋白梨、锦丰梨
栖霞香水梨	茌梨、砀山酥梨、鼓梗梨、锦丰梨
黄县长把梨	黄县秋梨、雪花梨、砀山酥梨
砀山酥梨	鸭梨、雪花梨、砀山马蹄黄
苹果梨	雪花梨、鸭梨、茌梨、延边谢花甜、京白梨、锦丰梨、秋白梨、南果梨
锦丰梨	鸭梨、苹果梨、雪花梨、砀山酥梨、早酥梨
早酥梨	鸭梨、栖霞香水梨、黄县长把梨、锦丰梨、雪花梨
巴梨	茄梨、伏茄梨、三季梨
京白梨	蜜梨、秋白梨
蜜梨	鸭梨、京白梨、雪花梨、秋白梨
晚三吉	菊水、太白、今村秋、长十郎、明月、二宫白

一个果园内最好配置两个授粉品种，以防止授粉品种出现小年时花量不足。主栽品种与授粉树比例一般为（4～5）：1，定植时将授粉树栽在行中，每隔4～5株主栽品种定植1株授粉树，或4～5行主栽品种定植1行授粉品种。

4. 密植栽培新技术

随着科学技术的不断发展，果树栽培制度也在迅速变革，生产上经历了稀植到密植、粗放管理到精细管理、低产到高产、低品质到高质量的发展过程，并且正在向集约化、矮化密植和无公害方向发展。近些年来，梨树密植栽培和棚架栽培发展很快，已成为当前梨树生产发展的大趋势。

世界上许多国家已推广梨的矮化密植栽培，如目前美国、德国等的梨树均以矮化密植栽培为主。目前，在欧洲西洋梨产区，不同梨园栽培密度变化较大，每 667m² 栽植 67～800 株，常用行距 3～4m（表 4-3）。

表 4-3　欧洲梨园栽植密度

类型	每 667m² 株数（株）	株距（m）
低密度	＜67	＞2.5
中密度	67～167	2.5～1
高密度	167～333	1～0.5
极高密度	333～533	0.5～0.3
超高密度	＞533	＜0.3

我国梨树产业发展异常迅猛，生产上常用的果树栽植密度由20 世纪 50～60 年代株行距 5m×6m 和 4m×5m 变成 70～80 年代的株行距 4m×4m 和 3m×4m。20 世纪 90 年代至 21 世纪初株行距变得更小，如 2m×3m 和 1m×3m。当前，我国梨园栽培密度变化较大，栽植密度要根据品种类型、立地条件、整形方式和管理水平来确定。一般长势强旺、分枝多、树冠大的品种，如白梨系统的品种，密度要稍小一些，株距 4～5m，行距 5～6m，每公顷栽植333～500 株；长势偏弱、树冠较小的品种要适当密植，株距 3～4m，行距 4～5m，每公顷栽植 500～833 株；晚三吉、幸水、丰水等日本梨品种，树冠很小，可以更密一些，株距 2～3m，行距 3～4m，每公顷栽植 833～1 666 株。在土层深厚、有机质丰富、灌水条件好的土壤上，栽植密度要稍小一些；而在山坡地、沙地等瘠薄土壤上应适当密植。最少每 667m² 栽 22 株，最多为每 667m² 栽296 株。树形也由过去的大冠疏层形、自然圆头形逐渐发展为改良分层形、二层开心形、V 形、纺锤形、柱形等。

5. 架式栽培新技术

架式栽培是日本、韩国梨树的主要栽培方式，其最初的目的是抵御台风的危害。通过多年的实践发现，架式栽培还具有提高果实品质和整齐度、操作管理方便、省工省力等优点。20世纪90年代架式栽培引入我国，近年来，我国梨架式栽培发展较快。

梨架式栽培，主要是通过整形修剪的手段，将梨树的枝梢均匀分布在架面上，再结合其他管理技术，进行新梢控制和花果管理的一种栽培方式。目前，日本大面积采用的是水平网架。具体的树形，主要有水平形、漏斗形、折中形、杯状形。主枝数目有二主枝、三主枝和四主枝。目前应用较多的是三主枝折中形。我国网架梨园发展迅速，主要分布在山东、辽宁、河北、浙江、江苏、上海、福建、江西等东部沿海或近海省份，湖北、河南、安徽、四川等省份也有少量种植。我国网架栽培的架式主要包括水平形、Y形、屋脊形（倒V形）、梯形网架模式等。从建园方法上，我国网架梨园多数通过大树高接，少量是从幼树定植建园而来。

架式栽培的优点是分散顶端优势，缓和营养生长和生殖生长的矛盾。通过改变树体的姿势，可以合理安排枝和果实的空间分布，改善树体的受光条件，枝不搭枝、叶不压叶，提高了光合作用效率，提高果实品质，改善果实外观。枝条呈水平分布，枝条内养分比较均匀地分配到各个果实，果形和果重的整齐度显著改善。同时，梨果都在网架下面，减轻了枝摩叶扫，好果率大大提高。架式栽培的另一个优点是方便管理。梨树正常生长树体高大，这给梨树的日常管理带来很大的不便。网架离地面 1.8～2m，利于人工操作和机械化作业，降低了劳动成本，提高了劳动效率，符合果树栽培省力化的要求。

水平网架梨园的建立要点如下：

（1）栽植

秋季或早春，选择高 1～1.2m 的优质苗木栽植。计划密植，生长势较强的品种如幸水等，株行距为 5m×6m；长势中庸的品种如新水、丰水、新高，株行距为 4m×4m。配置授粉树。

（2）水平网架的架设

水平网架架设时间一般在幼树栽植 2 年后的冬季。在梨园的四个角分别设立一根角柱（规格为 20cm×20cm×330cm），向园外倾斜 45°，每角柱设两个拉锚（间距为 1m），拉锚（规格为 15cm×15cm×50cm）用钢筋水泥浇铸，埋入土中 1m，其上配置一根 1.2m 长的钢筋并预留拉环，用于与边柱连接，拉索为钢绞线，角柱之外设有角边柱。梨园同边两角的间距不超过 100m，若距离太远，角柱负荷太大，可能引起塌棚。在每株、行向的外围四周分别立一边柱（规格为 12cm×12cm×285cm），向园外倾斜 45°，棚面四周用钢绞线固定边柱，每柱下设一拉锚（规格为 12cm×12cm×30cm），拉锚用钢筋水泥浇铸，埋入土中 0.5m，其上配置一根 60cm 长的钢筋并预留拉环，用于连接棚面钢绞线，拉索同上。棚面用镀锌线（10 号或 12 号）按 50cm×50cm 的距离纵横拉成网格，先沿一个方向将镀锌线固定在固定的围线上，再拉与之垂直方向的线，先固定一端，再一上一下穿梭相邻网线，最终固定在另一端固定的钢绞线上。然后用钢绞线将角柱分别与角边柱固定。顺行向在每株间设一间柱（规格为 10cm×10cm×200cm），支撑中间棚架面保持高度 1.8~2m。

（3）水平网架树形与产量标准

水平网架梨的树形主要有水平形、漏斗形、杯状形、折中形等，均为无中心干树形。水平形，干高 180cm 左右，主枝 2~4 个，接近水平，每个主枝上配置 2~3 个侧枝，侧枝与主枝呈直角，侧枝上配置结果枝组。漏斗形，干高 50cm 左右，主枝 2~3 个，主枝与主干夹角 30° 左右。杯状形，干高 70cm 左右，主枝 3~4 个，主枝与主干角 60° 左右，主枝两侧培养出肋骨状排列的侧枝。折中形，是其他 3 种树形改良后的树形，干高 80cm 左右，主枝 2~3 个，主枝与主干夹角 45° 左右，在每个主枝上配置 2~3 个侧枝，每个侧枝上配置若干个中小型结果枝组。目前，折中形树体结构简单，修剪量轻，整形容易，操作方便，节约用工，在生产中应用较多。梨水平网架栽培的结果部位主要在架面上呈平面结果状。丰产期每 $667m^2$ 产量控制在 $2\ 500\sim3\ 500kg$，优质果率在 90% 以上。

（四）栽植技术

1. 栽植时期

梨树一般从苗木落叶后至翌年发芽前均可定植，具体时期要根据当地的气候条件来决定。冬季没有严寒的地区，适宜采用秋栽。落叶后尽早栽植，有利于根系的恢复，成活率较高，翌年萌发后能迅速生长。华北地区秋栽时间一般在 10 月下旬至 11 月上旬。在冬季寒冷、干旱或风沙较大的地区，秋栽容易发生抽条和干旱，因而最好在春季栽植，一般在土壤解冻后至发芽前进行。

2. 定植

定植前首先按照计划密度确定好定植穴的位置，挖好定植穴。定植穴的长、宽和深均要达到 1m 左右，山地土层较浅，也要达到 60cm 以上。栽植密度较大时，可以挖深、宽各 1m 的定植沟。

回填时每穴施用 $50\sim100kg$ 土杂肥，与土混合均匀，填入定植穴内，回填至距地面 30cm 左右时，将梨苗放入定植穴中央位置，使根系自然舒展，然后填土，同时轻轻提动苗木，使根系与土壤密切接触，最后填满，踏实，立即浇水。栽植深度以灌水沉实后苗木根颈部位与地面持平为宜。

3. 提高成活率

春季定植时要在灌水后立即覆盖地膜，以提高地温，保持土壤墒情，促进根系活动。秋季栽植后要在苗木基部埋土堆防寒，苗干可以套塑料袋以保持水分，到春季去除防寒土后再浇水覆盖地膜。

五、梨园土肥水管理技术

（一）土壤管理新技术

1. 梨园覆盖技术

梨园覆盖栽培，是指在梨园地表人工覆盖天然有机物或化学合成物的栽培管理制度，分为生物覆盖和化学覆盖。生物覆盖材料包括作物秸秆、杂草或其他植物残体。化学覆盖材料包括聚乙烯农用地膜、可降解地膜、有色膜、反光膜等化学合成材料。梨园覆盖栽培作为一种省工高效的土壤管理措施，具有降低管理成本、提高土壤含水量、节省灌溉开支、增加产量等优点。另外，可改善土壤结构，秸秆覆盖不需中耕除草，既可保持良好而稳定的土壤团粒结构，又可节省劳动力。梨园覆盖能够改善土壤的通透性，提高土壤孔隙度，减小土壤容重，使土质松软，利于土壤团粒结构形成，减少土壤盐碱增加，有助于土壤保持长期疏松状态，提高土壤养分的有效性。还可提高土壤肥力，促进土壤微生物活动。覆盖的有机物降解后可增加土壤有机质含量，提高土壤肥力，连续覆盖3～4年，活土层可增加10cm左右，土壤有机质含量可增加1%左右。

（1）覆草

覆草前应先浇足水，按每 $667m^2$ $10～15kg$ 的量施用尿素，以满足微生物分解有机质时对氮的需要。覆草一年四季均可，以春、夏季最好。春季覆草利于果树整个生育期的生长发育，又可在果树发芽前结合施肥、春灌等农事活动一并进行，省工省时。不能在春季进行的，可在麦收后利用丰富的麦秸、麦糠进行覆盖。注意新鲜麦秸、麦糠要经过雨季初步腐烂后再用。对于洼地、易受晚霜危害的果园，谢花之后覆草为好。不宜进行间作的成龄果园，可采取全园覆草，即果园内裸露土地全部覆草，数量可掌握在每 667m² 1 500kg 左右。幼龄梨园，以树盘覆草为宜，每 667m² 用草 1 000kg 左右。覆草量也可按照拍压整理后 10～20cm 的厚度来掌握。梨园覆草应连年进行，每年均需补充一些新草，以保持原有厚度。栽培三四年后可在冬季深翻一次，深度 15cm 左右，将地表已腐烂的杂草翻入表土，然后加施新鲜杂草继续覆盖。

（2）覆膜

覆膜前必须先追足肥料，地面必须先整细、整平。覆膜时期，在干旱、寒冷、多风地区以早春（3 月中下旬至 4 月上旬）土壤解冻后覆盖为宜。覆膜时应将膜拉展，使之紧贴地面。

1 年生幼树采用块状覆膜。树盘以树干为中心做成浅盘状，要求外高里低，以利蓄水，四周开深 10cm 的浅沟，然后将膜从树干穿过并把膜缘铺入沟内用土压实。2～3 年生幼树采用带状覆膜。顺树行两边相距 65cm 处各开一条深 10cm 的浅沟，再将地膜覆上。遇树开一浅口，两边膜缘铺入沟内用土压实。成龄树采取双带状覆膜。在树干周围 1/2 处用刀划 10～20 个分布均匀的切口，用土封口，以利降水从切口渗入树盘。两树间压一小土棱，树干基部不要用地膜围紧，应留一定空隙但应用土压实，以免烧伤干基树皮和利于透风。

夏季进入高温季节时，注意在地膜上覆盖一些草秸等，以防根际土温过高，一般不超过 30℃ 为宜。此外，到冬季应及时拣除已风化破烂无利用价值的碎膜，集中处理，以便于土壤耕作。

据调查，山间河谷平原或湿度较高的果园覆草或秸秆后容易加剧烟污病、蝇粪病的发生和危害；黏重土壤的果园覆草后，则易引起烂根病。河滩、海滩或池塘、水坝旁的果园，早春覆草花期易遭受晚霜危害，影响坐果，这类果园最好在麦收后覆草。

梨园覆盖为病菌提供了栖息场所，会引起病虫数量增加，在覆盖前要用杀虫剂、杀菌剂喷洒地面和覆盖物。排水不良的地块不宜覆草，以免加重涝害。梨园覆草或秸秆后，梨根系分布浅，根颈部易发生冻害和腐烂病。长期覆盖的果园湿度较大，根的抗性差，可在春夏季扒开树盘下的覆盖物，对地面进行晾晒，能有效地预防根腐烂病，并促使根系向土壤深层伸展。此外覆草时根颈周围留出一定的空间，能有效地控制根颈腐烂和冻害。并且在冬春季树干涂白、幼树培土或用草包干，对预防冻害都有明显的作用。

农膜覆盖也带来了白色污染。聚丙烯、聚乙烯地膜可在田间残留几十年不降解，造成土壤板结、通透性变差、地力下降，严重影响作物的生长发育和产量。残破地膜一定要拣拾干净，集中处理。应优先选用可降解地膜。

2. 梨园生草新技术

梨园生草适宜在年降水量 500mm，最好在 800mm 以上的地区或有良好灌溉条件的地区采用。若年降水少于 500mm 且无灌溉条件，则不宜进行生草栽培。在行距为 5～6m 的稀植园，幼树期即可进行生草栽培；高密度梨园不宜进行生草，而宜覆草。

梨园生草有人工种植和自然生草两种方式。可进行全园生草、行间生草。土层深厚肥沃、根系分布较深的梨园，宜采用全园生草；土壤贫瘠、土层浅薄的梨园，宜采用行间生草。无论采取哪种方式，都要掌握以下原则，即对果树的肥、水、光等竞争相对较小，又对土壤生态效应较佳，且对土地的利用率高。

梨园生草对草的种类有一定的要求。主要标准是：适应性强，耐阴，生长快，产草量大，耗水量较少，植株矮小，根系浅，能吸收和固定果树不易吸收的营养物质，地面覆盖时间长，与果树无共同的病虫害，对果树无不良影响，能引诱天敌，生育期比较短。以鼠茅草、黑麦草、白三叶、紫花苜蓿等为好。另外，还有百脉根、百喜草、草木樨、毛叶苕子、扁茎黄芪、小冠花、鸭绒草、早熟禾、羊胡子草、野燕麦等。

(1) 播种

播前应细致整地，清除园内杂草，每 667m² 撒施磷肥 50kg，翻耕土壤，深度 20～25cm，翻后整平地面，灌水补墒。为减少杂草的干扰，最好在播种前半个月灌水 1 次，诱发杂草种子萌发出土，除去杂草后再播种。

播种时间春、夏、秋季均可，多为春、秋季。春播一般在 3 月中下旬至 4 月、气温稳定在 15℃以上时进行。秋季播种一般从 8 月中旬开始，到 9 月中旬结束。最好在雨后或灌溉后进行。春播后，草坪可在 7 月果园草荒发生前进行；秋播，可避开果园野生杂草的影响，减少剔除杂草的繁重劳动。就果园生草草种的特性而言，白三叶、多年生黑麦草，春季或秋季均可播种；放牧型苜蓿，春、夏季或秋季均可播种；百喜草只能在春季播种。

草种用量，白三叶、紫花苜蓿、田菁等，每 667m² 草种用量 0.5～1.5kg；黑麦草，每 667m² 草种用量 2.0～3.0kg。可根据土壤墒情适当调整用种量，一般土壤墒情好，播种量宜小；土壤墒情差，播种量宜大些。

一般情况下，生草带宽 1.2～2.0m，生草带的边缘应根据树冠的大小控制在 60～200cm 范围内。播种方式有条播和撒播。条播，即开 0.5～1.5cm 深的沟，将过筛细土与种子以（2～3）：1 的比例混合均匀，撒入沟内，然后覆土。遇土壤板结及时划锄破土，以利出苗。7～10d 即可出苗。行距以 15～30cm 为宜。土质好，土壤肥沃，又有水浇条件，行距可适当放宽；土壤瘠薄，行距要适当缩小。同时，播种宜浅不宜深。撒播，即将地整好，将种子拌入一定的沙土撒在地表，然后用耱耱一遍覆土即可。

（2）幼苗期管理

出苗后应及时清除杂草，查苗补苗。生草初期应注意加强水肥管理，干旱时及时灌水补墒，并可结合灌水补施少量氮肥。白三叶属豆科植物，自身有固氮能力，但苗期根瘤尚未生成，需补充少量的氮肥，待成坪后只需补充磷、钾肥即可。白三叶苗期生长缓慢，抗旱性差，应保持土壤湿润，以利苗期生长。成坪后如遇长期干旱也需适当浇水。浇水后应及时松土，清除野生杂草，尤其是恶性杂草。生草最初的几个月不能刈割，要待草根扎深、植株高达 30cm

以上时，才能开始刈割。春季播种的，进入雨季后灭除杂草是关键。对密度较大的狗尾草、马唐等禾本科杂草，可用 10.8％吡氟氯禾灵乳油或 5％禾草杀星乳油 500～700 倍液喷雾。

（3）成坪后管理

果园生草成坪后可保持 3～6 年，生草应适时刈割，既可以缓和春季和果树争肥水的矛盾，又可增加年内草的产量，增加土壤有机质的含量。一般每年刈割 2～4 次，灌溉条件好的果园，可以适当多刈割一次。割草的时间掌握在开花与初结果期，此期草的营养物质含量最高。割草的高度，一般的豆科草如白三叶要留 1～2 个分枝，禾本科草要留有心叶，一般留茬 5～10cm。避免割得过重使草失去再生能力。割草时不要一次割完，顺行留一部分草，为天敌保留部分生存环境。割下的草可覆盖于树盘上、就地撒开、开沟深埋或与土混合沤制成肥，也可作饲料还肥于园。

刈割之后应补氮和灌水，结合果树施肥，每年春、秋季施用以磷、钾肥为主的肥料。生长期内，喷叶面肥 3～4 次，并在干旱时适量灌水。生草成坪后，有很强的抑制杂草的能力，一般不再人工除草。

果园种草后，既为有益昆虫提供了场所，也为病虫提了庇护场所，果园生草后地下害虫有所增加，应重视病虫防治。在利用多年后，草层老化，土壤表层板结，应及时采取更新措施。对自繁能力较强的百脉根通过复壮草群进行更新，黑麦草一般在生草 4～5 年后及时耕翻，白三叶耕翻在 5～7 年草群退化后进行，休闲 1～2 年，重新生草。

自然生草是利用梨园里自然长出的各种草，把有益的草保留，是一种省时省力的生草法。

（二）梨树需肥特点与施肥

1. 肥料种类与污染

在梨果生产过程中，肥料的使用是必需的，以保证和增加土壤有机质的含量，但无论施用何种肥料，均不能造成对果品的污染，以便生产出安全、优质、营养的果品。为了确保梨果的质量，需要对生产用肥料进行安全管理。生产安全果品所施的肥料，如有机肥、化肥等。常用的安全肥料如下。

（1）肥料种类

有机肥：常用的有机肥主要是指农家肥，含有大量动植物残体、排泄物、生物废物等。如堆肥、绿肥、秸秆、饼肥、泥肥、沤肥、厩肥、沼肥等。使用有机肥料不仅能为农作物提供全面的营养，而且肥效期长，可增加或更新土壤有机质，促进微生物繁殖，改善土壤的理化性状和生物活性，是梨果安全生产主要养分的来源。

微生物肥：是指用特定微生物菌种培养生产的具有活性有机物的制剂。微生物肥料无毒、无害、无污染，通过特定微生物的生命活力能增加植物的营养和植物生长激素，促进植物生长。土壤中的有机质以及使用的厩肥、人粪尿、秸秆、绿肥等，很多营养成分在未分解之前作物是不能吸收利用的，要通过微生物分解变成可溶性物质才能被作物吸收利用。如根瘤菌能直接利用空气中的氮气合成氮肥，为植物生长提供氮素营养。微生物肥料的使用应严格按照使用说明的要求操作。

腐殖酸类肥：是指泥炭、褐煤、风化煤等含有腐殖酸类物质的肥料，能促进梨树的生长发育、增加产量、改善品质。

复混肥：主要由有机物和无机物混合或化合制成的肥料，包括经无害化处理后的畜禽粪便加入适量的锌、锰、硼、铝等微量元素制成的肥料，以及以发酵工业的干燥物质为原料，配合种植食用菌或用养禽场的废弃混合物制成的发酵废液制成的干燥复合肥料。按其所含氮、磷、钾有效养分的不同，可分为二元复合肥、三元复合肥。

无机肥：包括矿物钾肥和硫酸钾、矿物磷肥、煅烧磷酸盐、石灰石。增施有机肥和化肥有利于果树高产和稳产，尤其是磷、钾肥与有机肥混合使用可以提高肥效。

叶面肥：是指喷施于植物叶片并能被其吸收利用的肥料，可含有少量天然的植物生长调节剂，但不含有化学合成的植物生长调节剂。叶面肥要求腐殖酸含量≥8.0%，微量元素≥6.0%，镉、砷、铅的含量分别不超过 0.01%、0.02% 和 0.02%。按使用说明稀释，在果树生长期内，喷施 2~3 次或更多次。

其他肥料：如锯末、刨花、木材废弃物等组成的肥料，不含防腐剂的鱼渣、牛羊毛废料、骨粉、氨基酸残渣、家禽家畜加工废料、糖厂肥料等有机物料制成的肥料。主要有不含合成添加剂的食品、纺织工业的有机副产品等。

（2）肥料的污染

①氮肥的污染。梨园中长期大量使用的氮肥，特别是大量使用的铵态氮肥，铵离子能够置换出土壤胶体上的钙离子，造成土壤颗粒分散，从而破坏土壤的团粒结构。硫酸铵、氯化铵等生理酸性肥料使用过多会导致土壤微生物的区系改变，促使土壤中病原菌数量增多。但肥料中的氨素的挥发以及硝化、反硝化过程中排出了大量的二氧化氮，对动植物会造成不同程度的伤害。氮肥的长期过量使用，可使土壤中的硝酸盐含量增加，对人体健康造成一定程度危害。

当氮肥的用量超过梨树需求量时，在降雨和灌溉的条件下可以通过各种渠道进入湖泊、河流，从而造成水体富营养化及地下水污染。

②磷肥的污染。磷肥中含有镉、氟、砷、稀土元素和三氯乙醛，过多使用会影响植物对锌、铁元素的吸收。同时，磷肥也是土壤中有害重金属的一个重要污染源，磷肥中含铬量较高，过磷酸钙中含有大量的铬、砷、铅，磷矿石中还有放射性元素，如铀、镭等。磷肥过量使用，可通过各种渠道进入湖泊、河流，从而造成水体富营养化及地下水污染。劣质磷肥中的三氯乙醛进入水体成为水合氯醛，可直接污染水体。

③钾肥的污染。钾肥施用过量会使土壤板结，并降低土壤的pH，从而影响梨树生长。氯化钾中氯离子对果品的产量和品质均

能造成不良影响。

④部分有机肥的污染。在梨生产过程中，土壤施用有机肥，可以培肥地力，从而提供梨树营养，促进梨果生长。但部分有机肥料如厩肥、人粪尿等含多种有害微生物，如细菌、霉菌、寄生虫等及其产生的毒物，易造成环境的污染。

2. 梨树的营养特点

国外梨园土壤有机质的含量一般在 3%左右，而我国的梨树往往是定植在土壤条件较差的山地、丘陵、沙地和盐碱地，土壤瘠薄，土壤有机质含量一般达不到 1%。因此，加强土壤改良和增施有机肥，是我国梨树生产重要环节。

梨树必需的营养元素共有以下 16 种：碳、氢、氧、氮、磷、钾、镁、钙和硫，为大量元素；铁、铜、硼、锰、锌、钼和氯为微量元素。其中，碳、氢、氧来自大气中的二氧化碳和土壤中的水，其他元素则从土壤中获取。各种元素都具有不可替代的作用，并且相互依赖和制约。任何一种元素的不足、缺乏或过剩，都会引起梨树生长发育的不良，严重时可导致植株死亡。其中，氮、磷、钾被称为肥料三要素。钙、镁、铁、硼、锰、锌等作用突出，较其他元素更易出现缺乏。这就要求必须重视营养诊断和配方施肥。梨树是多年生木本植物，一般寿命达几十年，树体大，消耗营养多，而且长期固定在一个地方吸收养分，容易导致土壤养分缺乏。因此，及时补充梨树所缺的营养元素，有利于梨的优质丰产。

3. 梨树需肥规律

梨树在一年的生长发育过程中，主要需肥时期为萌芽生长和开花坐果期、幼果生长发育和花芽分化期、果实膨大和成熟期 3 个主要时期。在这 3 个时期中，应根据不同器官生长发育，按其需肥特点，及时供给必要的营养元素和微量元素。

(1) 萌芽生长和开花坐果期

春季萌芽生长和开花坐果几乎同时进行，由于多种器官生长，消耗树体养分较多。通常，前一年树体内贮藏养分充足，当年春季萌芽整齐，生长势较强，花朵较大，坐果率较高，对果实继续发育和改善品质都有重要影响。如果前一年结果过多，病虫危害或未施秋肥，则应于萌芽前后补施以氮为主的速效肥料，并配合灌水，有利肥料溶解和吸收，供给生长和结果的需要，促进新梢生长、开花坐果，为花芽分化创造有利条件。

（2）幼果生长发育和花芽分化期

是指坐果以后，果实迅速生长发育，北方在 5 月上旬至 6 月上旬，此时发育枝仍在继续生长，同时果实细胞数量增加，枝叶生长处于高峰，都需要大量营养物质供应。否则，果实生长受阻而变小，枝叶生长减弱或被迫停止。这一时期树体养分来源是树体原有贮存养分和当年春季叶片本身制造的养分，共同供给幼果生长发育的需要。可见，强调前一年采果后尽早秋施有机肥，配合混施速效性氮肥和磷肥，对翌春营养生长、开花坐果和幼果生长发育是很有必要的。此时，也已进入花芽分化期，施肥有利于花芽形成。

（3）果实膨大和成熟期

这一时期在 8 月至 9 月中旬。由于果实细胞膨大，内含物和水分不断填充，果实体积明显增大，淀粉水解转化为糖和蛋白质分解成氨基酸的速度加快，糖酸比明显增加，同时叶片同化产物源源不断送至果实，果实品质和风味不断提高，是改善和增进果实品质的关键时期。此期如果施氮过多或降水、灌水过多，均可降低果实品质和风味，调查结果表明，后期控制氮施用量，果实中可溶性固形物含量有较大幅度提高。叶是果实中糖和酸的重要来源器官，叶面积不足或叶片受损，均可降低果实中糖酸含量和糖酸比而影响果实风味，为获得优质果实和丰产，应特别注意果实膨大期至成熟期应控制过量施氮和灌水，保护好叶片和避免过早采收。

4. 梨树施肥技术

（1）确定施肥量

确定合理的施肥量，要依据树龄、土壤状况、立地条件以及肥料种类和利用率等方面来考虑，做到既不过剩，又能充分满足果树对各种营养元素的需求。叶分析是一种确定果树施肥量的比较科学的方法，当叶分析发现某种营养成分处于缺乏状态时，就要根据缺乏程度及时进行补充。鸭梨的主要叶营养诊断指标见表5-1。另外，还可以根据树体的需要量减去土壤的供应量，然后再考虑不同肥料的吸收利用率来确定施肥量（表5-2）。计算公式为：

$$理论施肥量 = \frac{树体需要量 - 土壤供给量}{肥料利用率}$$

表5-1　鸭梨的主要叶营养诊断指标

元素	标准值	变动范围
氮（%）	2.03	1.93～2.12
磷（%）	0.12	0.11～0.13
钾（%）	1.14	0.95～1.33
钙（%）	1.92	1.74～2.09
镁（%）	0.44	0.38～0.49
铁（mg/kg）	113	95～131
锰（mg/kg）	55	48～61
锌（mg/kg）	21	17～26
硼（mg/kg）	21	17～26
铜（mg/kg）	16	6～26

表5-2　果园常用肥料的养分含量（%）

肥料名称	有机质	氮（N）	磷（P_2O_5）	钾（K_2O）
豆饼	—	7.00	1.32	2.13
花生饼	—	6.32	1.17	1.34
棉籽饼	—	4.85	2.02	1.90
菜籽饼	—	4.60	2.48	1.40
芝麻饼	—	6.20	2.95	1.40

（续）

肥料名称	有机质	氮（N）	磷（P$_2$O$_5$）	钾（K$_2$O）
苜蓿	—	0.56	0.18	0.31
毛叶苕子	—	0.56	0.13	0.43
草木樨	—	0.52	0.04	0.19
田菁	—	0.52	0.07	0.17
紫穗槐	—	3.02	0.68	1.81
鸡粪	25.5	1.63	1.54	0.85
猪粪	15.0	0.56	0.40	0.44
牛粪	14.5	0.32	0.25	0.15
马粪	20.0	0.55	0.30	0.24
羊粪	28.0	0.65	0.50	0.25
土杂肥	—	0.20	0.18～0.25	0.7～2.0
青草堆肥	28.2	0.25	0.19	0.45
麦秸堆肥	81.1	0.18	0.29	0.52
玉米秸堆肥	80.5	0.12	0.16	0.84
硫酸铵	—	20	—	—
碳酸氢铵	—	17	—	—
硝酸铵	—	33	—	—
尿素	—	46	—	—
磷酸二氢铵	—	11～12	60	—
磷酸氢二铵	—	20～21	51～53	—
过磷酸钙	—	—	14	—
钙镁磷肥	—	—	17	—
磷酸二氢钾	—	—	52	35
硫酸钾	—	—	—	60
氯化钾	—	—	—	50
草木灰	—	—	2.9	10

一般而言，每生产100kg梨果，需要吸收纯氮0.47kg、纯磷0.23kg、纯钾0.47kg；这3种元素的土壤天然供给比例分别为1/3、1/2和1/2；肥料利用率分别为50%、30%和40%；果园各种常用肥料的养分含量见表5-2，可根据计划产量估算出所需要的施肥量。

生产中多凭经验和试验结果确定施肥量。从华北、辽宁高产梨区典型施肥情况看，每生产100kg梨果，需要施用优质猪圈粪或土杂肥100kg、尿素0.5kg、过磷酸钙2kg、草木灰4~5kg，生产中可以根据产量指标计算施肥量。确定好全年施肥量以后，基肥总量按照全年施肥量的50%~60%施用，追肥总量按全年施肥量的40%~50%施用。

（2）基肥

基肥是梨树一年中较长时期供应果树养分的基本肥料，通常以迟效性的有机肥为主，肥效发挥平稳而缓慢，可以不断为果树提供充足的常量元素和微量元素。常用作基肥的有机肥种类有：腐殖酸类肥料、圈肥、厩肥、堆肥、粪肥、饼肥、复合肥以及各种绿肥、农作物秸秆、杂草等。基肥也可混施部分速效氮化肥，以增快肥效。过磷酸钙等磷肥直接施入土壤中常易被土壤固定，不易被果树吸收，为了充分发挥肥效，宜将其与圈肥、人粪尿等有机肥堆积腐熟，然后作基肥施用。

①施用时期。基肥施用的最适宜时期是在秋季，一般在果实采收后立即进行。此时正值根的秋季生长高峰，吸收能力较强，伤根容易愈合，新根发生量大。加上秋季光照充足，叶功能尚未衰退，光合能力较强，有利于提高树体贮藏营养水平。同时，秋施基肥，由于土壤温度比较高，能够充分地腐熟，不仅部分被树体吸收，而且早春可以及时供树体生长使用。而落叶后施用基肥，由于地温低，伤根不易愈合，肥料也较难分解，效果不如秋施；春季发芽前施用基肥，肥效发挥慢，对果树春季开花坐果和新梢生长的作用较小，而后期又会导致树体生长过旺，影响花芽分化和果实发育。

②施用方法。为使根系向深广方向生长，扩大营养吸收面积，

一般在距离根系分布层稍深、稍远处施基肥，但距离太远则会影响根系的吸收。基肥的施用方法分为全园施肥和局部施肥。成龄果园，根系已经布满全园，适宜采用全园施肥；幼龄果园宜采用局部施肥。局部施肥根据施肥的方式不同又分为环状沟施肥、放射沟施肥、条沟施肥等。

全园施肥：多用于成龄果园和密植果园。方法是将肥料均匀撒施于梨园内，然后再结合秋耕翻入土中。施肥范围大，效果较好，但因施肥深度较浅，易导致根系上翻。

环状沟施肥：多用于幼龄果园。方法是在树冠外围稍远处挖一环形沟，沟宽 50cm、深 60cm，将肥料与土混合施入。开沟部位随根系的扩展逐年外移，可以与果树扩穴结合进行。缺点是容易切断水平根。

放射沟施肥：从树冠下距树干 1m 左右处开始，呈放射状向外挖 6～8 条内浅外深的沟，沟宽 20cm、深 30cm 左右，长度可到树冠外缘。沟内施肥后覆土填平。此法与环状沟施肥相比，施肥面积较大，伤根较少。要注意隔年变换挖沟位置，扩大施肥面。

条沟施肥：在梨树行间、株间或隔行开沟，施入肥料，也可结合果园深翻进行。缺点是伤根多。

无论采用什么方法施肥，都要注意将肥料与土混合均匀，避免伤及大根。挖沟后要及时施肥、覆土、灌水，防止根系抽干。

(3) 追肥

追肥是在施足基肥的基础上，根据梨树各物候期的需肥特点补给肥料。由于基肥肥效发挥平稳而缓慢，当果树急需肥料时，必须及时追肥补充，才能既保证当年壮树、高产、优质，又为翌年的丰产奠定基础。

追肥主要追施速效性化肥。追肥的时期和次数与品种、树龄、土壤及气候有关。早熟品种一般比晚熟品种施肥早，次数少；幼树追肥的数量和次数宜少；高温多雨或沙地及山坡丘陵地，养分容易流失，追肥宜少量多次。

一般梨树在年周期中需要进行如下几次追肥：

①花前追肥。发芽开花需要消耗大量的营养物质，主要依靠前一年的贮藏营养供给。此时树体对氮肥敏感，若氮肥供应不足，易导致大量落花落果，并影响营养生长，所以要追施以氮为主、氮磷结合的速效性肥料。一般初结果树株施尿素 0.5kg，盛果期树株施尿素 1～1.5kg。

②花后追肥。落花后坐果期是梨树需肥较多的时期，应及时补充速效性氮、磷肥，促进新梢生长，提高坐果率，促进果实发育。一般初结果树株施磷酸氢二铵 0.5kg，盛果期树株施磷酸氢二铵 1kg。

③花芽分化期追肥。此时中短梢停止生长，花芽开始分化，追肥对花芽分化具有明显的促进作用。此期追肥要注意氮、磷、钾肥适当配合，最好追施三元复合肥或全元素肥料。一般株施三元复合肥 1～1.5kg，或果树专用肥 1.5～2kg。

④果实膨大期追肥。此时果实迅速膨大，追肥主要是为了补充果树由于大量结果而造成的树体营养亏缺，增加树体营养积累。此期宜追施氮肥，并配合适当比例的磷、钾肥。

以上只是说明追肥的时期和作用，并不一定各个时期都要追肥。而是要本着经济有效的原则，因树制宜，合理施用。一般弱树要抓住前两次追肥，促进新梢生长，增强树势；而旺树则要避免在新梢旺长期追肥，以缓和树势，促进花芽分化。

土壤追肥一般采用放射状沟施或环状沟施，方法与施基肥相似，但开沟的深度和宽度都要稍小。另外，可以采用灌溉式施肥，即将肥料溶于水中，随灌溉施入土壤。一般与喷灌、滴灌相结合的较多。灌溉式施肥供肥及时而均匀，肥料利用率高，既不伤根，又不破坏土壤结构，省工省力，可以大大提高劳动生产率。

(4) 叶面喷肥

就是将肥料直接喷到叶片或枝条上，方法简单易行，肥效快，用肥量小，并且能够避免某些元素在土壤中的固定作用，可及时满足果树的需求。另外，由于营养元素在各类新梢中的分布比较均匀，因而有利于弱枝复壮。叶面喷肥不能代替土壤施肥，大部分的肥料还是通过根部施肥供应。各种肥料根外施用时的浓度及时期如表 5-3 所示。

叶面喷肥最适宜的气温为 $18\sim25℃$，湿度稍大效果较好，所以喷施时间一般在晴朗无风天气的上午 10 时以前或下午 4 时以后。一般喷前应先做试验，确定不会产生肥害后，再大面积喷施。

表 5-3　各种肥料根外施用时的浓度及时期

肥料名称	水溶液浓度（％）	喷施时期	施用目的
尿素（氮肥）	0.3～0.5	萌芽期至采果后	促进生长，提高叶质，延长叶片寿命，增加光合效率，提高坐果率，增加产量，促进花芽分化
硝酸铵（氮肥）	0.1～0.3		
硫酸铵（氮肥）	0.1～0.3		
磷酸铵（磷、氮肥）	0.3～0.5		
过磷酸钙（磷肥）	1～3	新梢停长、果实膨大至采收前	提高光合能力，促进花芽分化，提高坐果率，提高果实含糖量，增强果实耐藏性和树体抗寒性
氯化钾（钾肥）	0.3		
硫酸钾（钾肥）	0.5～1		
草木灰（钾、磷肥）	2～3		
磷酸二氢钾（磷、钾肥）	0.2～0.3		
硼砂（硼肥）	0.1～0.25	萌芽前、盛花期至 9 月	提高坐果率，防治缩果病
硼酸（硼肥）	0.1～0.5		
硫酸亚铁（铁肥）	0.1～0.4 / 1～5	4～9 月 / 休眠期	防治黄叶病
硫酸锌（锌肥）	0.1～0.4 / 1～5	萌芽后 / 萌芽前	防治小叶病

5. 水肥一体化新技术

水肥一体化技术的优点主要为节水、节肥、省工、优质、高产、高效、环保等。该技术与常规施肥相比，可节省肥料 50％ 以上；比传统施肥方法相比节省施肥劳动力 90％ 以上，一人一天可以完成几十公顷土地的施肥，灵活、方便、准确地控制施肥时间和数量；显著地增加产量和提高品质，通常产量可以增加 20％ 以上，果实增大，果型饱满，裂果少；应用水肥一体化技术可以减轻病害发生，减少杀菌剂和除草剂的使用，节省成本；由于水肥的协调作用，可以显著减少水的用量，节水达 50% 以上。

据广西平乐县水果生产办公室试验示范结果显示（2009），采用水肥一体化技术后，每 $667m^2$ 节约灌水人工 5 个工日、施肥人工 5 个工日、中耕除草人工 2.5 个工日、平均每 $667m^2$ 可节省劳动力投资 375 元；每 $667m^2$ 省电 $40kW \cdot h$、柴油 50L，折合人民币 350 元。每 $667m^2$ 新增纯收入 1 110 元。

首先需建立一套灌溉系统。水肥一体化的灌溉系统可采用喷灌、微喷灌、滴灌、渗灌等。灌溉系统的建立需要考虑地形、土壤质地、作物种植方式、水源特点等基本情况，因地制宜。

根据种植植物的需水量和生育期的降水量确定灌水定额。露地微灌施肥的灌溉定额应比大水漫灌减少 50%，保护地滴灌施肥的灌水定额应比大棚畦灌减少 30%～40%。灌溉定额确定后，依据植物的需水规律、降水情况及土壤墒情确定灌水时期、次数和每次的灌水量。

施肥制度的确定：微灌施肥技术和传统施肥技术存在显著的差别。首先根据种植植物的需肥规律、地块的肥力水平及目标产量确定总施肥量、氮、磷、钾比例及底肥、追肥的比例。作底肥的肥料在整地前施入，追肥则按照不同植物生长期的需肥特性，确定其次数和数量。实施微灌施肥技术可使肥料利用率提高 40%～50%，故微灌施肥的用肥量为常规施肥的 50%～60%。

选择适宜肥料种类。可选液态肥料，如氨水、沼液、腐殖酸液肥，如果用沼液或腐殖酸液肥，必须经过过滤，以免堵塞管道。固态肥料要求水溶性强，含杂质少，如尿素、硝酸铵、硫酸钾、硝酸钙、硫酸镁等肥料。

肥料溶解与混匀。施用液态肥料时不需要搅动或混合；一般固态肥料需要与水混合搅拌成液肥，必要时进行分离，避免出现沉淀等问题。

灌溉施肥的程序。第一阶段，选用不含肥的水湿润；第二阶段，施用肥料溶液灌溉；第三阶段，用不含肥的水清洗灌溉系统。

（三）梨树缺素症及防治技术

梨树正常生长发育，需要从土壤中吸收多种营养元素，主要有氮、磷、钾等大量元素和硼、锰、镁、硫、铁、锌、铜等微量元素。梨树所需要的每一种矿质元素，都有其不可替代的生理功能，缺乏某一种元素都会引起代谢失调，表现出缺素症状，最终影响树势、产量和果实品质。现介绍几种梨树生产中常见缺素症状及防治方法。

1. 缺氮症

氮是植物叶绿素和蛋白质的主要成分，是生命活动的基础。

在生长期缺氮，叶呈黄绿色，老叶转变为橙红色或紫色，花芽不易形成，果实瘦小，但着色很好；长期缺氮，可引起树体衰弱，植株矮小。缺氮原因是土壤瘠薄、管理粗放。缺肥和杂草丛生的果园易缺氮，在沙质土上的幼树，生长迅速时，若遇大雨，几天内即可表现出缺氮症。

防治方法：秋施基肥，配合施氮素化肥如硫酸铵、尿素等，生长期可土施速效氮肥2～3次，也可用0.5%～0.8%尿素溶液喷布树冠。

2. 缺磷症

在梨树的生长发育过程中，磷促进根系的生长，促进锌、硼、锰的吸收，有利于花芽分化、果树着色，增加糖含量，提高果实品质和果树的抗逆能力。

缺磷时，引起树势衰弱、根系发育迟缓、花芽分化不良，叶小而薄，枝条细弱，叶柄及叶背的叶脉呈紫红色，新梢的末端枝叶较明显。严重缺磷时，叶片边缘出现坏死斑，而老叶上先形成黄绿色和深绿色相间的花叶，很快脱落，果品产量和果实品质下降。缺磷原因是土壤本身有效磷不足，特别是碱性土壤中，磷易被固定，降低了磷的有效性。长期不施有机肥或磷肥，偏施氮肥，也会造成缺磷。

防治方法：对缺磷果树，于展叶后，叶面喷施磷酸或过磷酸钙溶液。要注意磷酸施用过多时，可以引起缺铜、缺锌现象。

3. 缺钾症

钾可促进果实的膨大和成熟，促进糖的转化和运输，提高果品质量和耐贮性，并可促进植物的加粗生长，提高抗寒、抗旱、耐高温和抗病虫害的能力。

钾素不足会引起碳水化合物和氮素代谢紊乱，蛋白质合成受阻，抗病力降低；树体营养缺乏，叶、果均小，果实发育不良，易发生裂果，着色差，含糖量降低，采前落果亦重，产量和果实品质明显降低。叶缘呈深棕色或黑色，逐渐枯焦，枝条生长不良，果实常呈不熟状态。沙质土或有机质少的土壤上，易表现缺钾症。

防治方法：增施有机肥，如厩肥或草秸。果园缺钾时，于6～7月可追施草木灰、氯化钾或硫酸钾等化肥，或叶面喷施 0.3％磷酸二氢钾溶液。

4. 缺铁症

多从新梢的顶端幼嫩叶片开始，初期叶肉先变黄，叶脉两侧仍为绿色，叶呈绿色网纹状，新梢顶端叶片较小。随着病势的发展，黄化程度逐渐加重，甚至全叶呈黄白色，叶缘产生褐色枯焦的斑块，最后全叶枯死而早落。严重缺铁时，新梢顶端枯死。原因是在碱性或盐碱重的土壤里，大量可溶性的二价铁盐被转化为不溶性的三价铁盐而沉淀，铁不能被植物吸收利用。因此，在盐碱地和含钙质较多的土壤上容易引起黄叶病。地下水位高的地，土壤盐分常随地下水积于地表易发生黄叶病。在铜、锰施用过多时，或磷肥过多使用，钾不足时也易发病。

防治方法：加强果园的综合管理，做好灌水压盐碱工作，控制盐分上升，减少表土中含盐量。进行土壤管理，增施有机肥，改良土壤，解放土壤中的铁元素，同时，适当补充可溶性铁素化合物，以减少黄叶病的危害。发病严重的果树，发芽前可喷施 $0.3\% \sim 0.5\%$ 硫酸亚铁溶液或硫酸铜、硫酸亚铁和石灰混合液，可控制病害发生。用 $0.05\% \sim 0.1\%$ 硫酸亚铁溶液，树干注射，也有一定的效果。

5. 缺锌症

又称小叶病，一般与梨缺铁症同时发生。病树春季发芽较晚，抽叶后，生长停滞，叶片狭小，叶缘向上，叶呈淡黄绿色或浓淡不均，病枝节间缩短，形成簇生小叶，花芽少，花朵小而色淡，不易坐果，严重者叶片从新梢的基部逐渐向上脱落，只留顶端几簇小叶，形成光枝现象。原因是土壤呈碱性，在碱性土壤中锌盐常易转化为难溶状态，不易被植物吸收。有机物和土壤水分过少时也易发生缺锌。叶片中含锌量低于 $10 \sim 15 mg/kg$，即表现为缺锌症状。

防治方法：增施有机肥，改良土壤。结合秋季和春季施基肥，每株大树施用 $0.5 kg$ 硫酸锌，翌年见效，持效期较长。在春季芽露白时喷布 1% 硫酸锌溶液，当年效果较好。

6. 缺硼症

表现为春季 $2 \sim 3$ 年生枝的阴面出现疣状突起，皮孔木栓化组织向外突出，用刀削除表皮可见零星褐色小点，严重时，芽鳞松散，呈半开张状态，叶小，叶原体干缩，不舒展，坐果率极低。新梢上的叶片色泽不正常，有红叶出现，中下部叶色虽正常，但主脉两侧凸凹不平，叶片不展，有皱纹，色淡。发病严重时，花芽从萌发到开绽期陆续干缩枯死，新梢仅有少数萌发或不萌发，形成秃枝、干枯。根系发黏，似杨树皮，许多须根烂掉，只剩骨干根。果实近成熟期缺硼，果实小，畸形，有裂果现象，不堪食用。轻者果心维管束变褐，木栓化；重者果肉变褐，木栓化，呈海绵状。秋季未经霜冻，新梢末端叶片即呈红色。

发病规律：石灰质较多时，土壤中硼易被钙固定。土壤瘠薄的山地、河滩地果园发病较重；春季开花期前后干旱发病重；土壤中石灰质较多，硼易被钙固定，或钾、氮过多，均易发生缺硼症。梨树品种中，除苹果梨外，长十郎、二十世纪、新世纪、石井早生等日本梨品种，也常发生缺硼症。

防治方法：深翻改土，增施有机肥。开花前后充分灌水，可明显减轻危害。梨树开花前、开花期和落花后喷 3 次 0.5％硼砂液。结合施基肥，每株大树施硼砂 100～150g，用量不可过多，施肥后立即灌水，以防产生药害。

7. 缺钙症

钙在树体内起着平衡生理活动的作用，适量的钙素可减轻土壤中钠、钾、氢、锰、氯离子的毒害作用，促进根系正常生长，加速氨态氮的转化。

在新梢生长 6～30cm 时，即形成顶芽而停止生长，顶端嫩叶上形成褪绿斑，叶尖及叶缘向下卷曲，经 1～2d 后，褪绿部分变成暗褐色，并形成枯斑。症状可逐渐向下部叶片扩展。地下部幼根逐渐死亡，在死根附近又长出许多新根，形成粗短且多分枝的根群。原因主要是土壤含钙量少。土壤中如果氮、钾、镁较多时，也容易缺钙。

防治方法：叶面喷布硝酸钙或氯化钙溶液。在氮较多时，应喷布氯化钙溶液。喷布硝酸钙或氯化钙溶液都易造成药害，其安全浓度为 0.5％。对易发病树一般喷布 4～5 次，最后一次在采收前 3 周喷布为宜。

8. 缺锰症

缺锰时，梨树各部位、各叶龄的叶片均表现从叶缘向脉间轻度失绿，但梢顶部新生叶症状轻或不表现症状。发病原因是土壤中可溶性锰不足而引起的，在中性或碱性土壤中易于发生。

防治方法：可叶面喷布硫酸锰溶液；或在缺锰严重的园子，每

$667m^2$ 施用 $2\sim4kg$ 锰肥。

9. 缺镁症

梨树缺镁时，叶的叶肋及叶缘的中间部绿色转淡变为淡黄色或褐色，发病严重时，除叶的中肋外，全面黄化，这种症状在果实发育过程中表现较为明显，近果部位或徒长枝基部的基叶易发生，缺镁的叶自枝的下部开始出现，严重时则自枝的下部向上逐次提早落叶，也严重影响了果实着色和风味。

在淋溶强的酸性土壤，尤其沙质土壤上发病较普遍，雨量多的年份更易发生；另外，施用钾肥过多，也能促进镁的缺乏。可施用硫酸镁加以防治。

（四）节水灌溉技术

梨树的生命活动离不开水，水对于梨树正如人们饮水一样重要。土壤含水量为土壤最大持水量的 $60\%\sim80\%$ 最为适宜，低于或高于这个范围都对梨树生长不利，梨园灌水应根据天气情况，原则上"随旱随灌"，做到灌、排、保、节水并重。"水肥相济"，施肥与灌水不分家，一般每次施肥后均应灌水，以利肥效的发挥。因此，根据施肥次数有芽前水、花后水、催果水及冬前水之分，全年至少应浇水 4 次。梨园供水应平稳，因此，灌水的量以灌透为度，避免大水漫灌，否则不但浪费水而且效果不好。为了实现梨树丰产、优质、高效栽培目标，一方面要进行灌溉，另一方面则要注意节水。果树节水栽培主要从两个方面考虑：一方面应减少有限水资源的损失和浪费；另一方面要提高水分利用效率。而采用适当的灌溉技术和合理的灌溉方法，可显著提高水分的利用效率。

节水灌溉具有准确、省工、高效、增产增收、节约用水等优点。

1. 小沟灌溉

沟灌是在作物行间挖灌水沟，水从输水沟进入灌水沟后，在流动的过程中主要借毛细管作用湿润土壤。沟灌不会破坏作物根部附近的土壤结构，不导致田面板结，能减少土壤蒸发损失。但是沟灌可能会产生深层渗漏而造成水的浪费。果园小沟灌技术能增大水平侧渗及加快水流速度，比漫灌节水 65%，是省工高效的地面灌溉技术。

果园小沟节水灌溉技术方法：起垄，在树干基部培土，并沿果树种植方向形成高 15～30cm、上部宽 40～50cm、下部宽 100～120cm 的弓背形土垄。开挖灌水沟。灌水沟的数量和布置方法：一般每行树挖两条灌水沟（树行两边一边一条）。在垂直于树冠外缘的下方，向内 30cm 处（幼树果园距树干 50～80cm，成龄大树果园距树干 120cm 左右）沿果树种植方向开挖灌水沟，并与配水道相垂直。灌水沟的断面结构：灌水沟采用倒梯形断面结构，上口宽 30～40cm，下口宽 20～30cm，沟深 30cm。灌水沟长度：沙壤土果园灌水沟最大长度 30～50m；黏重土壤果园灌水沟最大长度 50～100m。灌水时间及灌水量：在果树需水关键期灌水，每次灌水至水沟灌满为止。

2. 喷灌

喷灌是利用专门的设备把水加压，并通过管道将有压水送到灌溉地段，通过喷洒器（喷头）喷射到空中散成细小的水滴，均匀地散布在田间进行灌溉的技术。

喷灌所用的设备包括动力机械、管道、喷头、喷灌泵、喷灌机等。喷灌泵：喷灌用泵要求扬程较高，专用喷灌泵为自吸式离心泵。喷灌机：喷灌机是将喷头、输水管道、水泵、动力机、机架及移动部件按一定配套方式组合的一种灌水机械。目前喷灌机分定喷式（定点喷洒逐点移动）、行喷式（边行走边喷洒）两大类。对于中小型农户宜采用轻小型喷灌机。管道：管道分为移动管道和固定管道。固定管道有：塑料管、钢筋混凝土管、铸铁管和钢管。移动管道有 3 种：软管，用完后可以卷起来移动或收藏，常用的软管有麻布水龙带、锦塑软管、维塑软管等；半软管，这种管子在放空后横断面基本保持圆形，也可以卷成盘状，常用半软管有胶管、高压聚乙烯管等；硬管，常用硬管有薄壁铝合金管和镀锌薄壁钢管等。为了便于移动，每节管子不能太长，因此需要用接头连接。喷头：喷头是喷灌系统的主要部件，其功能是将有压水呈雾滴状喷向空中并均匀地洒在灌溉地上。喷头的种类很多，通常按工作压力的大小分类。工作压力在 200～500kPa、射程在 15.5～42m 为中压喷头，其特点是喷灌强度适中，广泛用于果园、菜地和各类经济作物。

喷灌要根据当地的自然条件、设备条件及能源供应、技术力量、用户经济负担能力等因素，因地制宜地加以选用。水源的水量、流量、水位等应在灌溉设计保证率内，以满足灌区用水需要。根据土壤特性和地形因素，合理确定喷灌强度，使之等于或小于土壤渗透强度，强度太大会产生积水和径流，太小，则喷水时间长，降低设备利用率。选用降水特性好的喷头，并根据地形、风向合理布置喷洒作业点，以提高均匀度。同时，观测土壤水分和作物生长变化情况，适时适量灌水。

3. 滴灌

滴灌是滴水灌溉的简称，是将水加压，有压水通过输水管输送，并利用安装在末级管道（称为毛管）上的滴头将输水管内的有压水流消能，以水滴的形式一滴一滴的滴入土壤中。滴灌对土壤冲击力较小，且只湿润作物根系附近的局部土壤。采用滴灌灌溉果树，其灌水所湿润土壤面积的湿润比只有 15%～30%，因此比较省水。

滴灌系统主要由首部枢纽、管路和滴头 3 部分组成。

首部枢纽：包括水泵（及动力机）、过滤器、控制与测量仪表等。其作用是抽水、调节供水压力与供水量，进行水的过滤等。

管路：包括干管、支管、毛管以及必要的调节设备（如压力表、闸阀、流量调节器等）。其作用是将有压水均匀地输送到滴头。

滴头：安装在塑料毛管上，或是与毛管成一体，形成滴灌带，其作用是使水流经过微小的孔道，形成能量损失，减小其压力，使它以点滴的方式滴入土壤中。滴头通常放在土壤表面，亦可以浅埋保护。

另外，有的滴灌系统还有肥料罐，装有浓缩营养液，用管子直接联结在控制首部的过滤器前面。滴灌注意以下几个方面：①容易堵塞。一般情况下，滴头水流孔道直径 0.5~1.2mm，极易被水中的各种固体物质所堵塞。因此，滴灌系统对水质的要求极严，要求水中不含泥沙、杂质、藻类及化学沉淀物。②限制根系生长。由于滴灌只部分地湿润土体，而作物根系有向水向肥性，如果湿润土体太小或靠近地表，会影响根系向下扎和发展，导致作物倒伏，严寒地区可能产生冻害，此外抗旱能力也弱。但这一问题可以通过合理设计和正确布设滴头加以解决。③盐分积累。当在含盐量高的土壤上进行滴灌或是利用咸水滴灌时，盐分会积累在湿润区边缘，若遇到小雨，这些盐分可能会被冲到作物根区而引起盐害，这时应继续进行滴灌。在没有充分冲洗条件下的地方或是秋季无充足降雨的地方，则不要在高含盐量的土壤上进行滴灌或利用咸水滴灌。

4. 微喷灌

微喷灌是通过管道系统将有压水送到作物根部附近，用微喷头将灌溉水喷洒在土壤表面进行灌溉的一种新型灌水方法。微喷灌与滴灌一样，也属于局部灌。其优缺点与滴灌基本相同，节水增产效果明显，但抗堵性能优于滴灌，而耗能又比喷灌低；同时，其还具有降温、除尘、防霜冻、调节田间小气候等作用。微喷头是微喷灌的关键部件，单个微喷头的流量一般不超过 250mL/h，射程小于 7m。

整个系统由水源工程、动力装置、输送管道、微喷头 4 个部分组成。

水源工程：是指为获取水源而进行的基础设施建设，如挖掘水井及修建蓄水池、过滤池等。喷灌水要求干净、无病菌的水。水质要求 pH 中性，杂质少，不堵管道。

动力装置：是指吸取水源，并产生一定输送喷水压力的装置，包括柴油机（电动机）、水泵、过滤器等。

输送管道：主要包括主干管道、分支管道、控制开关等，为了节省工程开支，一般常用聚氯乙烯硬管。为不妨碍地面作业和防盗窃，最好将输送管道埋入地下。

微喷头：微喷装置的终端工作部分，水通过微喷头喷洒到作物的叶、茎上，实现灌溉目的。

六、整形修剪技术

（一）枝、芽特性

1. 芽的类型

梨的芽分为顶芽、侧芽，副芽、潜伏芽，叶芽、花芽等多种类型。

着生在枝条顶端的芽称为顶芽；着生在枝条顶端以下各部位叶腋间的芽，称为侧芽，也称为腋芽；侧芽基部有一对很小的芽，是在原来的侧芽最外两片鳞片间形成的，称为副芽；枝条基部芽以及侧芽基部的副芽，生长势极弱，一般不萌发而呈潜伏状态，只有在短截等刺激下才能萌发，这样的芽称为潜伏芽，也称为隐芽；萌发后只抽枝长叶不能开花结果的芽称为叶芽；萌发后能够开花的芽称为花芽。着生在枝条顶端的称为顶花芽；着生在其他部位叶腋间的芽称为腋花芽；萌发后不仅能够抽枝长叶，而且着生花序，能够开花的芽称为混合花芽。梨树的花芽均为混合花芽。

2. 枝干的类型

梨树的枝干包括骨干枝、辅养枝和结果枝等。

骨干枝包括主干、中心干、主枝和侧枝等，是构成树体骨架的主要枝干；从根颈起到构成树冠的第一大分枝基部的树干称为主干。主干负载着整个树冠的重量，是根系和树冠营养物质交换的运输通道；第一层主枝以上直到树冠顶端的树干称为中心干，也称为中央领导干；主枝是直接着生在中心干上，构成树冠骨架的各大分枝；侧枝是直接着生在主枝上的大枝。从靠近主枝基部的第一个侧枝算起，分别称为第一、二、三……侧枝；延长枝是各级骨干枝先端向外延伸生长的 1 年生枝，称为延长枝或延长头，它逐年向外延伸，扩大树冠；辅养枝是着生在树冠各部的非骨干枝，其作用是辅养树体和开花结果；枝组是着生在各级骨干枝上的小枝群，其中有若干结果枝和营养枝，是生长和结果的基本单位，常被称为结果枝组。

3. 枝条的类型

枝条的种类较多，现依据分类方法主要介绍几种枝条类型：芽萌发后长出的新枝，在当年落叶以前称为新梢；梨树着生花芽的部位，开花结果后增粗肥大，称为果台；果台上抽生的副梢，称为果台副梢。

着生花芽，能够开花结果的 1 年生枝，称为结果枝。结果枝按长度又分如下几种：①长果枝。当年生长量在 15cm 以上，顶芽是花芽枝。②中果枝。当年生长量在 5～15cm，顶芽是花芽。③短果枝。当年生长量在 5cm 以下，顶芽是花芽。④短果枝群。短果枝多年连续结果、分枝形成的多个短果枝聚集在一起的枝群，称为短果枝群。

只着生叶芽，萌发后只能抽梢长叶的枝，称为营养枝。营养枝具有辅养树体、扩大树冠的作用，并且能够形成结果枝；由休眠芽受刺激萌发生长而成，常着生在各级骨干枝的多年生部位，特点是生长势旺、节间长、叶片大而薄、芽体瘦弱、消耗营养物质较多。徒长枝在树体更新复壮中具有重要作用。竞争枝着生在骨干枝延长头下部，生长直立强旺的枝条，常与延长枝竞争生长，争夺营养和空间。

4. 枝、芽生长特点

对树体进行合理的整形修剪，必须了解枝、芽的生长特点，并按其特点采用适当的修剪方法和适宜的丰产树形。

芽的异质性：同一枝条上不同部位的芽在发育过程中由于受外界环境条件以及内部营养状况的影响，最终形成的芽在芽体大小、充实程度、生长势以及其他特性方面存在差异，这种差异称为芽的异质性。

萌芽力：1年生枝上的芽能够萌发枝叶的能力称为萌芽力。一般以萌发的芽数占总芽数的百分数来表示，称为萌芽率。

成枝力：1年生枝上的芽，不仅能够萌发，而且能够抽生长枝的能力，称为成枝力。一般以长枝占总芽数的百分数或者具体成枝数来表示。

顶端优势：在同一枝条或植株上，处于顶端和上部的芽或枝，其生长势明显强于下部的现象，称为顶端优势，也称为极性。

（二）修剪的基本方法

1. 短截

短截是对梨树的1年生枝条剪去一部分、保留一部分的方法，是梨树整形修剪中应用最广泛的方法之一。按短截的程度可以分为轻短截、中短截、重短截和极重短截4种。

（1）轻短截

仅剪去枝条的顶端部分，大约截去枝条全长的1/4。一般剪口下选留弱芽或次饱满芽。修剪后，由于剪口芽不充实，从而削弱了顶端优势，使芽的萌发率提高。剪口下发出的中长枝条的生长势较原来的枝条弱，可形成较多的中短枝和叶丛枝。轻短截有缓和树势、促进花芽形成的作用。

（2）中短截

是指在1年生枝中部的饱满芽处剪截，截去枝条全长的1/4～1/2。中短截加强了剪口以下芽的活力，从而提高萌芽率和成枝力，促进生长势。中短截常用于培养大中型结果枝组，以及在骨干枝的延长段上采用，以扩大树冠。另外，为复壮弱树、弱枝等也常运用中短截。

（3）重短截

在枝条下部或基部次饱满芽处剪截，剪去枝条的大部分，为枝条全长的 1/2～3/4。由于剪去的芽多，使枝势集中到剪口芽，可以促使剪口下萌发 1～2 个旺枝及部分中短枝。通常在对某些枝条既要保留利用，又要控制其生长部位和生长势时采用，常用于控制竞争枝、直立枝或培养小型枝组。

（4）极重短截

在枝条基部轮痕处剪截，剪口下留弱芽或芽鳞痕，促使基部隐芽萌发。剪后一般萌发 1～2 个中庸枝，能够起到削弱枝条生长势、降低枝位的作用。有些部位需要留枝，但原有枝条生长势太强，可采取极重短截的办法，以强枝换弱枝。

2. 疏剪

将 1 年生枝条或多年生枝从基部全部剪除或锯掉称为疏剪。

疏剪主要是去除影响光照的过密大枝、交叉枝、重叠枝、竞争枝、没有利用价值的徒长枝、病虫枝、枯死枝、衰弱枝和过多的弱果枝等。疏剪减少了梨树总体的生长量，能够调节枝条密度、枝类组成和果枝比例，改善树冠内的透光条件，调节局部枝条的生长势。疏剪的剪口阻止养分上运，因此对剪口上部枝条的生长有削弱作用，同时疏剪改善了下部枝的光照及营养条件，因而有利于促进剪口下部枝条的生长势。

疏剪主要用于盛果期梨树，既削弱树势，又能减少总生长量；疏剪与短截相比，更有利于形成花芽。由于此法的应用有利于通风透光，增加中短枝数量，因此可提高果实品质，增加效益。

3. 回缩

回缩也称缩剪，是指对多年生枝或枝组进行的剪截。

缩剪可以改变枝条角度，限制枝组的生长空间，减少枝条生长量，增强局部枝条的生长势，调节枝组内的枝类组成，减少营养消耗，保证营养供应，促进成花结果。对生长势较强的枝组，去强留弱，可以改善光照，平衡树势；对衰老枝组去弱留强，使下垂枝抬高枝头，可以达到更新复壮的目的；解决了交叉枝、重叠枝，采用放一缩一，充分利用。

4. 缓放

对 1 年生发育枝不进行剪截处理，任其自然生长称为缓放，也称甩放或长放。

缓放多应用在幼树和旺树的辅养枝上。由于缓放没有剪口的刺激作用，可以减缓顶端优势，使枝条长势缓和，促进萌芽率的提高，增加中短枝比例，促进花芽形成，对促进旺树、旺枝早成花和早结果有良好效果。长枝不剪，具明显增粗效果，生长势减弱，且萌生大量中短枝，早期叶形成得多，有利于营养物质的积累和花芽的形成；中枝缓放不剪，由于顶芽有较强的生长能力，对于某些品种，由于顶芽与母枝生长势相近或略弱于中枝，下部侧芽发生较多的生长弱的短枝。但对长枝、中枝连续数年缓放不剪，会造成枝条紊乱，枝组细长、结果部位外移较快后部易光秃，由此，长枝缓放 1~2 年以后，须结合短截或缩剪进行处理。

5. 拉枝

幼树若任其自然生长，由于顶端优势和极性较强，角度往往不开张，枝条直立生长，长旺枝多而短枝较少，因此必须采用拉枝的方法开张枝条角度，控制极性，缓势促花。拉枝是指用绳或铁丝将角度小的骨干枝或大辅养枝拉开角度，使主枝角度开张至 70°左右、辅养枝角度 80°以上，以达到整形和早果丰产的要求。拉枝要注意在枝条的中下部，使基角开张，避免拉在枝条的上部，以防被拉枝梢端下垂，弯曲部位萌发旺枝。拉枝还可以改变枝条的生长方位，使骨干枝和辅养枝在树冠内均匀分布，有利于形成良好的树体结构。

6. 刻芽、抹芽

刻芽也称为目伤。春季萌芽前，在枝条或芽的上方 0.5cm 处用刀横割呈月牙形伤口，深达木质部，从而刺激芽萌发抽枝的方法称为刻芽。在芽或枝条的上方刻，可使水分和养分集中到伤口下的芽或枝条上，促进芽的萌发；在芽的下方刻，则可以抑制芽的萌发。刻芽时，注意以刻两侧芽为主，尽可能不刻背上芽。

抹芽也称为除萌。在春季将骨干枝上多余的萌芽抹除。及时抹芽，可以减少养分的消耗，避免树冠内部枝条密挤，改善树体的通风透光条件。

7. 摘心

生长季节，在尚未木质化或半木质化时，把新梢顶端的幼嫩部分摘除称为摘心。其作用是抑制新梢旺长，减少养分消耗，削弱枝条生长势，促进分枝，增加枝条密度，培养结果枝组，促进花芽形成。对果台枝摘心还具有提高坐果率和减轻生理落果的作用。摘心因品种、栽培条件和目的而不同，以整形为目的：在新梢有一定生长量时，选饱满芽进行较重摘心；培养枝组时，应早摘、轻摘，进行多次；促使侧芽形成腋花芽时，可以晚摘，并以不使侧芽萌发为适度。

8. 环剥、环割

在枝干上按一定宽度用刀剥去一圈环状皮层称为环剥。环剥暂时切断了营养物质向下运输的通道，使光合作用制造的有机营养较多地留在环剥口上方，因而对促进花芽形成和提高坐果率效果明显，并且能够抑制环剥口上部枝条的生长势，可促使幼旺树早成花、早结果。环剥一般多用于旺树、旺枝、辅养枝和徒长枝等。

环剥的宽度越宽，愈合越慢，对环剥部位以上的抑制生长和促进成花作用越强。但剥口过宽时会严重削弱树势，甚至造成死树或死枝。一般环剥口以枝干粗度的 1/10 左右，以 20～30d 愈合为宜，强旺枝可略宽一些。环剥时注意切口深度要达到木质部，但不要伤及木质部，剥皮时要特别注意保护形成层，以利愈合。多雨的季节，剥口应包裹塑料布或牛皮纸，加以保护。

环割是在枝干上横割一圈或数圈环状刀口，深达木质部但不损伤木质部，只割伤皮层，而不将皮层剥除。环割的作用与环剥相似，但由于愈合较快，因而作用时间短，效果稍差。环割主要用于幼树和旺树上长势较旺的辅养枝、徒长旺枝等。

9. 拿枝

拿枝是对直立或斜生旺长的新梢，在中下部用手握拿，使木质部轻微受到损伤，使枝梢斜生或水平生长的方法。其作用是开张新梢生长角度，改变生长方向、位置，缓和新梢的生长势，增加翌年枝条的萌芽力和成枝力。以调整枝条角度、方位的拿枝宜在枝条旺长、柔软时进行，以促进侧芽发育或形成腋花芽为目的的拿枝，一般生长后期 7～8 月进行。

（三）主要树形及整形技术

1. 二层开心形

树体的基本结构是树高 3.5～4m，冠径 4～4.5m，干高 50～60cm。全树分两层，一般有 5 个主枝，其中第一层 3 个主枝，开张角度 60°～70°，每主枝着生 3～4 个侧枝，同侧主枝间距要达到 80～100cm，侧枝上着生结果枝组；第二层 2 个主枝，与第一层距离 1.0m 左右，两个主枝的平面伸展方向应与第一层 3 个主枝错开，开张角度 50°～60°。该树形透光性好，最适宜喜光性强的品种。

定植后，留 80～100cm 定干。第一次冬剪时选生长旺盛的剪口枝作为中央领导干，剪留 50～60cm，以下 3～4 个侧生分枝作为第一层主枝。以后每年同样培养上层主枝，直到培养出第三层主枝时，去掉第三层，控制第二层以上的部分，最终落头开心成二层开心形。侧枝要在主枝两侧交错排列，同侧侧枝间距要达到 80cm 左右。

2. 开心形

树体的基本结构是树高 4～5m，冠径 5m 左右，干高 40～50cm。树干以上分成 3 个势力均衡、与主干延伸线呈 30°角斜伸的中干，因此也称为"三挺身"树形。三主枝的基角为 30°～35°，每主枝上，从基部起培养背后或背斜侧枝 1 个，作为第一层侧枝，每个主枝上有侧枝 6～7 个，成层排列，共 4～5 层，侧枝上着生结果枝组，里侧仅能留中小枝组。该树形骨架牢固，通风透光，适用于生长旺盛直立的品种，但幼树整形期间修剪较重，结果较晚。

定植后留 70cm 定干。第一次冬剪时选择 3 个角度、方向均比较适宜的枝条，剪留 50～60cm，培养成为 3 条中干。翌年冬剪时，每条中干上选留一个侧枝，留 50～60cm 短截，以后照此培养第二、三层侧枝。主枝上培养外侧侧枝。整个整形过程中要注意保持 3 条势力均衡的中干。

3. 自由纺锤形

树体的基本结构是树高 3m 左右，冠径 2～2.5m，干高 60cm。中心干上直接着生大型结果枝组（亦即主枝）10～15 个，中心干上每隔 20cm 左右一个，插空排列，无明显层次。主枝角度 70°～80°，枝轴粗度不超过中干的 1/2。主枝上不留侧枝，直接着生结果枝组。其特点是只有一级骨干枝，树冠紧凑，通风透光好，成形快，结构简单，修剪量轻，生长点多，丰产早，结果质量好。

定干高度 80～100cm。第一年不抹芽，在树干 40cm 以上，枝条长度在 80～100cm 者秋季拉枝，枝角角度 90°，余者缓放，冬剪时对所有枝进行缓放。第二年对于拉平的主枝背上萌生直立枝，离树干 20cm 以内的全部除去，20cm 以外的每间隔 25～30cm 扭梢一个，其余除去。中干发出的枝条，长度 80cm 左右可在秋季拉平，过密的疏除，缺枝的部位进行刻芽，促生分枝。第三年控制修剪，以缩剪和疏剪为主，除中心干过弱延长枝不剪外，一般缩剪至弱枝处，将其上竞争枝压平或疏除；弱主枝缓放，对向行间伸展太远的下部主枝从弱枝处回缩，疏除或拉平直立枝，疏除下垂枝。第四或第五年中心干在弱枝处落头，以后中心干每年在弱处修剪保持树体高度稳定。修剪上应根据树的生长结果状况而定，幼旺树宜轻剪，随树龄的增长，树势渐缓，修剪应适度加重，以便恢复树势，保持丰产、稳产、优质树体结构。

4. Y形

树体的基本结构是无中干，干高 50～60cm，两主枝呈 V形，主枝上无侧枝，其上培养小型侧枝和结果枝组，两主枝夹角为80°～90°。

该树形要求定植壮苗，定干高度 70～90cm，定干后第一、二芽抽发的新枝，开张角度小，其下分枝开张角度大，可以培养为开张角度大的主枝，在生长季中，开张角度小的可疏除；第二、三年冬剪时，主枝延长枝剪去 1/3；夏季注意疏除主枝延长枝的竞争枝等；第四年对主枝进行拉枝开角，并控制其生长势。生长季节，对旺长枝进行疏除，扭枝抑制生长，使形成短果枝和中果枝；第五年树形基本完成，主枝前端直立旺盛，徒长枝少，短果枝形成合理。

5. 水平棚架形

水平棚架梨的树形主要有水平形、漏斗形、折中形、杯状形等。水平形，干高 180cm 左右，主枝 2 个，接近水平。漏斗形，干高 50cm 左右，主枝多个，主枝与主干夹角 30°左右。杯状形，干高 45cm 左右，主枝 3～4 个，主枝与主干夹角 60°左右，主枝两侧培养出肋骨状排列的侧枝。折中形，是其他 3 种树形改良后的树形，干高 80cm 左右，主枝 3 个，主枝与主干夹角 45°左右，在每个主枝上配置 2～3 个侧枝，每个侧枝上配置若干个中小型结果枝组。棚架栽培梨的结果部位主要在架面上呈平面结果状。

定干高度 80cm，用一根竹竿插在苗木附近，用麻绳将其与苗木固定。萌芽后，待苗木上端抽生的新梢长 20cm 左右时，选留3～4 个生长方向不同、健壮枝梢作为主枝培养，保持其直立生长，落叶后将主枝拉成与主干呈 45°，三主枝间相互呈 120°，四主枝间相互呈 90°，用麻绳将其与竹竿绑定，留壮芽剪去顶端部分。

第二年继续培育主枝，并选留侧枝。继续保持主枝与主干呈 45°角，前一年主枝的延长枝直立生长。每主枝上选留 2～3 个侧枝，其背上、背下枝尽早抹除。第一侧枝距主干距离 60～70cm，其下枝、芽要全部抹除，第二侧枝在第一侧枝对侧，二者在主枝上间距 50～60cm，第三侧枝在第二侧枝对侧，二者在主枝上间距 40～50cm。

第三年继续培育主枝、侧枝，并选留副侧枝。此时幼树已有一定的花量，但都着生在主枝与侧枝上，应严格控制坐果量，否则影响其以后整个树冠的扩大。开花前，将主枝上的花芽全部去除，每一侧枝上最多保留两个果实，其余的全部去除。主枝仍未培育好的树，生长期内，将主枝延长枝顶芽下的第四个芽作为第三侧枝培育，对其要及时摘心控制其生长势，以防其与主枝延长枝竞争，对顶芽发出的新梢要保持垂直向上生长，对剪口下方其他新梢进行连续摘心、控制生长，以防与主枝延长枝竞争。此时树体骨架基本形成，应继续调整主枝、侧枝的主从关系。在每个侧枝上选留 2～3 个副侧枝，选留副侧枝的方法与选留侧枝的方法基本相同。在 6 月上中旬，枝梢停长后、硬化前，要及时加大主枝、侧枝、副侧枝的生长角度，以免后期将其引缚到棚面时枝梢折断。副侧枝选留后，树体高度已超过棚面。冬季落叶 2 周后，将主枝延长枝、侧枝、副侧枝超过棚面的部分引缚在棚面上。用麻绳呈 "8" 字形绑定枝梢与网线，将枝梢在其韧性允许的情况下尽可能放平固定。主枝延长枝留壮芽剪去顶端后，将其顶部竖直并用竹竿固定；引缚侧枝时，应考虑不同主枝上的侧枝顶部之间距离不小于 1.2m，侧枝与主枝延长枝顶部间距不小于 1.2m，尽可能相互错开后再绑定，将侧枝顶端留壮芽短截后，与棚面保持 45°，用竹竿固定。副侧枝在其相互错开的情况下进行水平引缚。

成龄树的修剪主要是保持主枝的先端生长优势。主枝先端易衰弱，可以适当回缩。生长势已经下降的树要改变修剪方法，首先确保预备枝，以恢复树势，剩下的枝配置长果枝。如果回缩修剪也不能使主枝健壮，可利用基部发生的徒长枝更新主枝。被更新的主枝不要立即剪去，作为侧枝利用，当新的主枝基部长到与被更新主枝同样粗度时再更新。延长头牵引力的强弱是维持树势的关键，树不断长大，生长点变远后，必须考虑启用下一条枝作为延长头，即先用两个延长头牵引，然后进行回缩更新。主枝和侧枝的延长枝继续向外引缚，始终保持主枝和侧枝先端的生长优势，疏除竞争枝，特别是主枝和侧枝先端的2～3个强枝。主枝延长枝的顶端保持直立，侧枝延长枝的顶端保持45°。每次冬剪后，整理棚架，修剪留下的结果枝也要全部绑缚诱引。

6. 细长纺锤形

（1）树体结构

树高3.0～3.5m，冠径2.0～2.5m，干高60～70cm。中心干强壮直立，直接着生结果枝轴（组）20个左右，枝轴（组）长100～150cm，由下向上逐渐缩短，插空螺旋排列，无明显层次，枝轴开张角度80°～90°，枝轴基部粗度不超过中心干的1/3。枝轴（组）上不留侧枝，直接着生结果枝组。一般适宜株行距为（1.5～2.0）m×（4.0～4.5）m。

（2）第1～3年修剪

选择优质壮苗在冬季或春季定植。在距地面80～120cm饱满芽处定干，距地面60cm以上刻芽促发新梢。选择顶端优势明显的新梢作为中心干培养，抹除距地面60cm以下的新梢，其余新梢用牙签开角，夏末拉枝开角80°～90°，当年冬季中心干剪去枝梢长1/3，抹除剪口下第二、三芽，其余枝不短截。

第二年春季萌芽前，继续进行刻芽处理促发新梢。新梢长出后用牙签开角，夏末拉枝开张角度80°～90°。

第三年，培养强壮中心干，培养枝轴（组）。继续对中心干采用多位刻芽促枝技术，对中心干延长枝顶端30cm以下芽体进行刻芽促分枝。为控制竞争枝长势，对枝轴（组）上的背上新梢，距中心干近的疏除，其余的扭梢或疏除。冬季修剪时疏除中心干上的粗壮竞争枝，剪除病虫枝，中心干和枝轴（组）均保持单轴延伸，疏除枝轴（组）上过长的分枝，枝轴（组）延长头不短截或轻短截。

(3) 第4～5年修剪

树形已基本成形，中心干去强留弱换头，保持树体高度3.0～3.5m。

对选留的枝轴（组）保持单轴延伸，选择枝轴（组）两侧新梢培养小型结果枝组。

对生长过旺的新梢进行摘心，抑制生长，缓势促花。冬季修剪时，疏除竞争枝及内膛徒长枝、重叠枝，其余枝条轻剪、长放，充分利用空间排布枝条，培养健壮结果枝组。

(4) 盛果期整形修剪

在保持合理负载量的基础上，应调整好主次关系，达到生长与结果平衡，稳定树势。树高、冠幅达到合适的标准后，应控制枝轴（组）长度，保持单轴延伸。枝轴（组）基部粗度应小于中心干的1/3，过粗时疏除。影响树体结构平衡的辅养枝和多余大枝应疏除，回缩过长过大的枝轴（组），保持中庸健壮的树势。疏除竞争枝及内膛的徒长枝、过密枝、病虫枝、重叠枝，拉平直立强旺枝，更新下垂衰弱枝，保持通风透光。

生长季修剪疏枝不宜过多，尤其避免疏除大枝。一般疏除树体中上部多余新梢和内膛徒长枝，并及时剪除萌蘖枝及外围竞争枝，对过旺果台副梢留20cm左右摘心。

（四）不同时期修剪特点

1. 幼树期的修剪

幼树整形修剪重点应以培养骨架、合理整形、迅速扩冠占领空间为目标，在整形的同时兼顾结果。由于幼龄梨树枝条直立，生长旺盛，顶端优势强，很容易出现中干过强、主枝偏弱的现象。因此，修剪的主要任务是控制中干过旺生长，平衡树体生长势，开张主枝角度，扶持培养主、侧枝，充分利用树体中的各类枝条，培养紧凑健壮的结果枝组，促进早期结果。

苗木定植后，首先依据栽培密度确定树形，根据树形要求选留培养中干和一层主枝。为了在树体生长发育后期有较大的选择余地，整形初期可多留主枝，主枝上多留侧枝，经 3～4 年后再逐步清理，明确骨干枝。对其余的枝条一般尽量保留，轻剪缓放，以增加枝叶量，辅养树体，以后再根据空间大小进行疏除、回缩调整，培养成为结果枝组。

选定的中干和主枝，要进行中度短截，促发分枝，以培养下一级骨干枝。同时，短截还能促进骨干枝加粗生长，形成较大的尖削度，保证以后能承担较高的产量。为了防止树冠抱合生长，要及时开张主枝角度，削弱顶端优势，促使中后部芽体萌发。一般幼树期一层主枝的角度要求在 40°左右。

修剪时注意幼树期要调整中干、主枝的生长势，防止中干过强、主枝过弱，或主枝过强、侧枝过弱。对过于强旺的中干或主枝，可以采用拉枝开角、弱枝换头等方法削弱生长势。

2. 初果期的修剪

梨树进入初结果期后，营养生长逐渐缓和，生殖生长逐步增强，结果能力逐渐提高。此时要继续培养骨干枝，完成整形任务，促进结果部位的转化，培养结果枝组，充分利用辅养枝结果，提高早期产量。

修剪时首先对已经选定的骨干枝继续培养，调节长势和角度。带头枝仍采用中截向外延伸；中心干延长枝不再中截，缓势结果，均衡树势。辅养枝的任务由扩大枝叶量、辅养树体，变为成花结果、实现早期产量。此时梨树已经具备转化结果的生理基础，只要树势缓和就可以成花结果。因此，要对辅养枝采取轻剪缓放、拉枝转换生长角度、环剥（割）等手段，缓和生长势，促进成花。

培养结果枝组，为梨树丰产打好基础，是该时期的重要工作。长枝周围空间大时，先行短截，促生分枝，分枝后再继续短截，继续扩大，可以培养成大型结果枝组；长枝周围空间小时，可以连续缓放，促生短枝，成花结果，等长枝生长势转弱时再回缩，培养成中小型结果枝组。中枝一般不短截，成花结果后再回缩定型。大、中、小型结果枝组要合理搭配，均匀分布，使整个树冠圆满紧凑，枝枝见光，立体结果。

3. 盛果期的修剪

梨树进入盛果期，树形基本完成，骨架已经形成，树势趋于稳定，具备了大量结果和稳产优质的条件。此时修剪的主要任务是：维持中庸健壮的树势和良好的树体结构，改善光照，调节生长与结果的矛盾，更新复壮结果枝组，防止大小年结果，尽量延长盛果年限。

树势中庸健壮是稳产、高产、优质的基础。中庸树势的标准是：外围新梢生长量30~50cm，长枝占总枝量的10%~15%，中短枝占总枝量的85%~90%，短枝花芽量占总枝量的30%~40%；叶片肥厚，芽体饱满，枝组健壮，布局合理。树势偏旺时，采用缓势修剪手法，多疏少截，去直立留平斜，弱枝带头，多留花果，以果压势；树势偏弱时，采用助势修剪手法，抬高枝条角度，壮枝壮芽带头，疏除过密细弱枝，加强回缩与短截，少留花果，复壮树势。对中庸树的修剪要稳定，不要忽轻忽重，各种修剪手法并用，及时更新复壮结果枝组，维持树势的中庸健壮。

结果枝组中的枝条可以分为结果枝、预备枝和营养枝三类，各占1/3，修剪时区别对待，平衡修剪，维持结果枝组的连续结果能力。对新培养的结果枝组，要抑前促后，使枝组紧凑；对衰老枝组要及时更新复壮，采用去弱留强、去斜留直、去密留稀、少留花果的方法，恢复生长势；对多年长放枝结果后及时回缩，以壮枝壮芽带头，缩短枝轴。去除细弱枝、密挤枝，压缩重叠枝，打开空间及光路。

梨树是喜光树种，维持冠内通风透光是盛果期树修剪的主要任务之一。解决冠内光照问题的方法有：①落头开心，打开上部光路；②疏间、压缩过多、过密的辅养枝，打开层间；③清理外围，疏除外围竞争枝以及背上直立大枝，压缩改造成大枝组，解决下部及内膛光照。

4. 衰老期的修剪

梨树进入衰老期，生长势减弱，外围新梢生长量减少，主枝后部易光秃，骨干枝先端下垂枯死，结果枝组衰弱而失去结果能力，果小，品质差，产量低。因此，必须进行更新复壮，恢复树势，以延长盛果年限。更新复壮的首要措施是加强土肥水管理，促使根系更新，提高根系活力，在此基础上通过修剪调节。

此期的主要任务是增强树体的生长势，更新复壮骨干枝和结果枝组，延缓骨干枝的衰老死亡。梨树的潜伏芽寿命很长，通过重剪刺激，可以萌发较多的新枝用来重建骨干枝和结果枝组。修剪时将所有主枝和侧枝全部回缩到壮枝壮芽处，结果枝去弱留壮，集中养分。衰老程度较轻时，可以回缩到2～3年生部位，选留生长直立、健壮的枝条作为延长枝，促使后部复壮；严重衰老时加重回缩，刺激隐芽萌发徒长枝，一部分枝条连续中短截，扩大树冠，培养骨干枝，另外一部分枝条短截、缓放并用，培养成新的结果枝组。一般经过3～5年的调整，即可恢复树势，提高产量。

（五）不同品种的修剪特点

1. 鸭梨的修剪特点

鸭梨幼树生长健壮，树姿开张，进入结果年龄较早，一般4～5年生时开始结果，盛果期后产量容易下降。鸭梨萌芽率高，成枝力弱。长枝短截后萌发1～2个长枝，其余基本为短枝；经过缓放后，侧芽大部分能形成短枝，并容易成花结果。短果枝连续结果能力强，易形成短果枝群，短果枝群寿命长，结果稳定，是鸭梨的主要结果部位，应注意适当回缩复壮。

树形依据栽植密度确定，稀植条件下适宜的树形为主干疏层形或多主枝自然形,密植园可采用纺锤形。幼树期尽量少疏枝或不疏枝,对选留的骨干枝多短截,促使快速扩大树冠;其他枝条可以全部缓放,一般翌年就可以结果,也可以多截少疏,抚养树体,以后再缓放结果。盛果期以前,多缓放中枝培养结果枝组。进入盛果期以后,对结果枝成串的枝条要适当回缩,集中养分。结果枝及短果枝群应注意及时更新,每年去弱留强、去密留稀,剪除过多的花芽,留足预备枝。鸭梨成龄树生长势弱,丰产性又强,要加强土肥水管理,保持健壮树势,要保持树上有一定比例的长枝,主枝延长枝生长量在 40～50cm,长枝少则果小,由此,成龄鸭梨树的长枝要多截、不疏。鸭梨果枝成长容易,坐果率高,控制负载量非常重要,过度结果,会造成大小年结果现象,因此,控制花量和过多结果,是此期修剪的主要任务。鸭梨具较强的更新能力,老梨树更新可取得较好的效果。

由于鸭梨成枝力弱,在幼树期要对主枝的延长枝进行中短截,促发长枝。在进入结果期后,应每年适当短截一部分外围枝,以促进中长枝的形成,保持中长枝一定比例,以便维持生长势,稳定结果。

密植园的修剪主要是控制树高,树冠大小应控制在株间交接量少于 10%,行间留有足够的作业空间。合理调节大中型结果枝的密度。大中型枝所占的比例宜小,应控制在总枝量的 20% 以内。鸭梨容易形成小枝,在修剪时应注意培养大中型枝组。鸭梨干性强,中干过强抑制基部枝的生长,不利于产量和品质的提高,可通过中干多留花果消耗中干内贮存的养分,缓和中干的长势。

2. 酥梨的修剪特点

酥梨树势中庸,干性强,树姿直立;枝条分枝角度较小,幼树树冠直立,萌芽率高,成枝力中等。发育枝短截后剪口下萌发 1～3 个长枝,下部形成少量中枝,大多为短枝。发育枝缓放,顶端萌生少数长枝,下部形成大量短枝。副芽易萌发生枝,有利于枝条更新。

酥梨一般 4～6 年生时开始结果，早期产量增长缓慢，酥梨树形常采用疏散分层开心形等。但要避免中心枝生长过旺，各主枝开张角度应循序渐进，不宜一次开张过大，主枝延长枝宜轻剪，主枝上要多留枝，一般少疏或不疏枝，以增加主枝的生长量，避免中心干过强。对于中心干过强的树，树形宜采用延迟开心形。以短果枝结果为主，有少量中果枝和长果枝结果。果台枝多数萌发一个枝，有的比较长，不易形成短果枝群。果台枝短截据长度而定，短于20cm 的果台枝一般只保留 2 个叶芽短截，20～35cm 的强果台枝留3 个叶芽，35cm 以上特强的果台枝按发育枝处理。短果枝寿命中等，结果部位外移较快。果枝连年结果能力弱。新果枝结果好，衰弱的多年生短果枝或短果枝群坐果率低，应及时更新复壮。小枝组对修剪反应敏感，易复壮。

酥梨修剪整体上要维持树势均衡，树冠圆满紧凑，主从分明，通风透光，上层骨干枝组要明显短于下层骨干枝，从属枝为主导枝让路，同层骨干枝的生长势应基本一致。使花芽枝和叶芽枝有一个适当的比例，一般为 1∶（2～4），徒长枝过密时去强留弱、去直留斜，甩放至翌年成花。短枝在营养充足的条件下，易转化为中长枝，容易转旺，常使整形初期的侧枝与辅养枝不分明。树体进入盛果期，应适当缩减辅养枝和结果枝组，使之与侧枝逐渐分明。短果枝组成的枝组不用疏枝，大中型结果枝组过大时可缩剪，以增强后部枝组的生长势，旺树的中长枝应多甩放，待形成花芽后回缩更新。对上强枝齐花回剪，换弱头；对下弱枝从基部饱满芽处重短截，增强生长势。对基部主枝生长势不均衡的树可采用强主枝齐花剪、细弱枝从顶部饱满芽处重截的办法，促使各主枝生长势逐步均衡。

3. 茌梨的修剪特点

茌梨生长势强，长枝短截能抽生 2～3 个长枝，其余多为中枝，短枝很少；缓放也多抽生中枝，只在基部萌发少量短枝。幼树干性强，生长直立，主枝角度小，但成龄后主枝角度容易过度自然开张，可多采用背上枝换头的方法来抬高角度。

幼树期以短果枝结果为主，成龄后长、中、短果枝均可结果，腋花芽较多且结果能力较强。茌梨不易形成紧凑的短果枝群，结果部位容易外移，但隐芽萌发能力强，短截容易发枝，可对结果枝进行放、缩结合修剪，稳定结果部位。

适宜树形为二层开心形。定植后先按主干疏层形整枝，多留主枝，以后再逐渐调整成二层开心形。幼树主枝保持 40°，延长枝当年轻打头，翌年回缩到适宜的分枝处，以增加枝条尖削度，促使骨架牢固。

茌梨的结果枝组更新容易，对大中型结果枝组不要急于回缩，可在空间允许的情况下任其自然扩大，到枝组后部出现光秃时再回缩更新，萌发的新枝很容易结果。茌梨幼树、成龄树对修剪反应均敏感，剪重了，全树冒条，旺长；剪轻了，易出现光秃现象。幼龄树修剪以轻为主，以疏为主，不可强调整形而强行修剪；大树花芽多时，修剪宜稍重，但不宜枝枝重剪，直立强旺的去强枝留中庸枝，生长弱的要回缩复壮，果枝花芽成串时，要短截以提高坐果率，而大树修剪过重，仍有全树返旺的可能。茌梨修建适度标准是少跑条、不光腿。茌梨隐芽易萌发。另外，茌梨在梨树中是喜光性较强的品种，自然生长枝叶较稀，光照较好。

4. 栖霞大香水梨的修剪特点

栖霞大香水梨萌芽率高，成枝力强。长枝短截能抽生 3～4 个长枝，其余为中短枝；缓放后下部多发生短枝，分枝角度较大，树冠较开张。

幼树期长、中、短果枝都能结果，进入盛果期后以短果枝和短果枝群结果为主，短果枝群分枝多而紧凑，寿命长，结果部位稳定。

适宜树形为主干疏层形。由于成枝力强、分枝角度大，因而主、侧枝的选留与培养比较容易。要注意加大一、二层间的距离，培养好三层主枝后即落头开心。修剪时根据空间大小，利用中长枝培养结果枝组。进入盛果期后，注意短果枝群和结果枝组的更新。结果大树枝干较软，枝叶量大，丰产，下层骨干枝易下垂而过度开张；要注意疏清中央领导干第一层和第二层间的大的辅养枝，控制2～3层枝的枝叶量，使第一层主枝受光条件好，可利用背上枝换头，抬高角度；下层枝细弱的，要从上层疏枝来解决；下层枝的修剪，只宜用修剪法，而不宜用堵截；下层枝要加重疏果，减少负载量。利用中枝甩放，形成串花枝，留3～4个短枝花芽回缩，结果后抽生的果台枝多且细弱，要注意疏剪。注意香水梨的隐芽萌发力较差，回缩不能过急，否则容易引起枝条死亡，应当在培养好预备枝后再回缩。

5. 砂梨的修剪特点

丰水、晚三吉、幸水、二十世纪、新高等品种都属于砂梨系统，具有共同的修剪特点。幼树生长较旺，树姿直立，萌芽率高，成枝力弱。长枝短截萌发1～2个长枝和1～2个中枝，其余均为短枝。以短果枝和短果枝群结果为主，连续结果能力强，中长果枝及腋花芽较少。

由于成枝力低，骨干枝选留困难，因此不必强求树形，可采用多主枝自然圆头形、改良疏散分层形、自由纺锤形和改良纺锤形等树形。幼树期多留主枝，多短截促发枝条，到盛果期后再逐步清理，调整结构。修剪时要少疏多截，对直立旺枝要拉平利用，培养枝组。在各级骨干枝上均应培养短果枝群，并且每年更新复壮，疏除其中的弱枝弱芽，多留辅养枝。对树冠中隐芽萌生的枝条注意保护，培养利用。

幼树树形宜采用自由纺锤形和改良纺锤形。定干后，对发出的枝条进行摘心，促发分枝。秋季枝条拿枝开角。当年冬剪时根据树形要求，疏除竞争枝、徒长枝、背上枝、交叉枝，中干适当短截，其余枝尽量轻截或缓放，以增加枝叶量。对结果枝组的培养，应采取先放后缩的方法。进入结果盛期应注意对结果枝组及时更新和利用幼龄果枝，以保持健旺的树势。大树高接宜采用开心形，改接后前两年轻剪缓放，一般不疏不截，以利于快速恢复树势，实现早期丰产。修剪以生长期为主、休眠期为辅。生长期主要采取夏季修剪措施；休眠期以疏枝为主，调整树形。

6. 西洋梨的修剪特点

巴梨幼树生长旺盛，枝条直立，但成龄后骨干枝较软，结果后容易下垂，树形紊乱不紧凑。萌芽率和成枝力都比较强，长枝短截后抽生 3～5 个长枝，其余多为中枝，短枝较少。枝条需连续缓放 2～3 年才能形成短果枝。以短果枝和短果枝群结果为主，连续结果能力强，短果枝群寿命长，更新容易。

适宜树形为主干疏层形，可适当多留主枝。除骨干枝延长头外，其余枝条一律缓放，不短截，等缓出分枝，成花后再回缩，培养成结果枝组。结果后骨干枝头易下垂，可将背上旺枝培养成新的枝头，代替原头。对主干一般不要换头或落头，主枝更新时要先培养好更新枝，然后再回缩。巴梨枝组形成的两个途径：一种是短果枝结果后抽生短枝，再成长结果，形成短果枝群；二是中庸枝缓放成花，回缩后形成中小结果枝组。小年时可利用腋花芽结果。短果枝群形成鸡爪状，要不断疏剪，保持短枝叶长大，芽体饱满。巴梨主枝不稳定，结果期过度开张下垂的，要用背上斜生枝替代原主枝，抬高主枝角度，增强生长势。主枝角度过大时，要控制内膛徒长枝。巴梨枝组一般宜选在骨干枝两侧，一般不用背上枝组。巴梨丰产性好，成花容易，坐果率也高，成龄树易衰弱，从而枝干病害加重，应加强土肥水管理和疏花疏果。大年时，仅用健壮短果枝结果，留单果。

7. 黄金梨的修剪特点

黄金梨与其他日本梨系统相比，幼树生长缓慢，修剪越重，生长量越小，影响树体的生长和早期产量的形成，直至延迟进入盛果期；与白梨系统相比，树冠小，寿命也短。

萌芽率高，成枝力低。黄金梨长枝缓放，除基部盲节以外，绝大部分芽易萌发。萌发后，大多形成短枝和短果枝，而中枝或中长果枝较少；枝条短截后，多发生 2～3 个长枝。黄金梨易成花，结果早，栽后第二年，在中长枝上形成较多的腋花芽，也有少量的中短果枝，幼树期可充分利用腋花芽结果习性，增加早期产量；截后第三年进入初果期，5～6 年生时进入盛果期。

幼树枝条直立性强，易出现上强下弱、外强内弱以及背上强、背下弱现象。修剪越重，角度越直立，因此 3 年生以前幼树修剪时，宜采用轻剪或缓放延长枝的方法，促进树冠开张，促进营养生长向生殖生长的转化。同时，修剪时要抑强扶弱，解决好干强主弱和主强侧弱的问题。

黄金梨低龄结果枝坐果率高，个大质优，而 3 年生以上果枝所结果实个小质差，修剪时，应采取经常更新结果枝的方法，复壮其结果能力；而与白梨系统相比，黄金梨中短枝转化力弱，但由长枝分化为中短枝的能力较强。中短枝结果后经多年抽枝结果，而形成短果枝群。

总之，黄金梨修剪总的原则是：强枝重剪，少留枝，延长枝中短截；重疏、少留外围枝，开张其角度，多留果；弱枝应轻剪，多留枝，延长枝轻短截或缓放，注意抬高骨干枝角度。

（六）不同类型树的修剪特点

1. 放任树的修剪特点

多年放任不剪的梨树大枝多而密生，无主次之分，内膛枝直立、细弱、交叉混乱，光照条件差，结果枝组少而寿命短。对放任树的修剪，应本着"因树制宜、随枝作形、因势利导、多年搞成"的原则进行改造，不要强求树形而大拉大砍，急于求成。首先，从现有大枝中选定永久性骨干枝，逐年疏除多余大枝，对可以保留的大枝开张角度，削弱长势，辅养树体并促进结果。然后，在保留的骨干枝上选择培养侧枝和各类结果枝组。对生长较旺的 1 年生枝，选位置好、方位正、有生长空间的，从饱满芽处剪，对留下的背后枝、斜生枝，可选作侧枝和为培养中大型结果枝组做准备；另一部分1年生枝甩放不剪，结果后回缩培养中小型枝组，对背上过密的1年生枝应疏除或夏季拿枝结果。对小枝进行细致修剪，去弱留强，适当回缩。树冠过高时落头开心，清理外围密挤枝、竞争枝，调整枝条分布范围及从属关系，做到层次分明、通风透光。对过密的短果枝群，疏密留稀，疏弱留强，结果适量。

2. 大小年结果树的修剪特点

梨树进入盛果期后，留果过多或肥水供应不足，易出现大小年结果现象。防止和克服大小年结果的措施，一是加强土肥水管理，二是通过修剪进行调整。

（1）大年结果树的修剪

主要是控制花果数量，留足预备枝。适当疏除短果枝群上过多的花芽，并适当缩剪花量过多的结果枝组。对具有花芽的中长果枝，可采取打头去花的办法，促使翌年形成花芽；对长势中庸健壮的中长营养枝，可以缓放不剪，使其形成花芽在小年时结果；对长势较弱的结果枝组，可采用去弱、疏密、留强的剪法进行复壮，但修剪时应注意选留壮芽和部位较高的带头枝；对过多、过密的辅养枝和大型结果枝组，也可利用大年时花多的机会适当进行疏剪。

（2）小年结果树的修剪

要尽量多留花芽，少留预备枝，以保证小年的产量。同时，缩剪枝组，控制花芽数量。对长势健壮的1年生枝，可留1～2个饱满芽进行重短截，促生新枝，加强营养生长，以减少大年花量；对后部分枝有花、前部分枝无花的结果枝组，可在有花的分枝以上处进行缩剪；对前后都没有花的结果枝组上的分枝，可多短截、少缓放，以减少翌年的花量，使大年结果不致过多。

3. 失衡树的修剪特点

梨树顶端优势明显，上部枝条长势较强，剪口下第一枝带头，其余侧枝不及时进行疏剪，而树冠下部和骨干枝基部不具备顶端优势，长势较弱，成花较易，易造成上强下弱，若不及时调整，基部枝条就会衰弱而枯死。

调整上强下弱的方法是回缩上部长势强旺的大中枝条，减少树冠上部的总量，对保留下来的树冠上部大枝上的 1 年生枝，可疏除强旺枝，缓放平斜枝，结果后再根据不同情况分别进行处理。疏除部分强旺枝，可缓和长势，促进结果。对保留在树冠上部的强旺枝，可适当多留些花果，以削弱其长势，同时还可通过夏季修剪适当予以控制。

调整外强内弱的方法，可抑前促后，即对先端枝头进行回缩，以减少先端枝量。选用长势中庸、生长平斜的侧生枝代替原枝头。对枝头附近的 1 年生枝缓放不截，后部枝条多留、少疏或多短截、少缓放，以促生新枝，增加后部枝量。同时，还应注意在前端多留花果，后部少留，逐年调整，直至内外长势平衡。

4. 郁闭园的修剪特点

良好的树体结构，不仅要控制树高，保持行间距，而且叶幕层不能太厚，才可保证树体通风透光，若对中央领导干上骨干枝以外的大中枝控制不当，或主、侧枝的背上枝放任生长，或枝组过大、过密，会造成树冠郁闭，内膛光照差。

解决的办法是：首先，及时回缩或疏除中央领导干上骨干枝以外大中枝和主、侧枝背上过密的多年生直立大型枝组，以保持一定的叶幕间距，大枝应分批疏除，每年疏除 1～2 个，采收后疏除大枝是最佳时期；其次，及时疏除或回缩冠内交叉、重叠、并生的密挤枝或枝组，压缩过大的枝组；再次，对骨干枝背上的 1 年生直立旺枝和徒长枝，在结果期一般均应疏除，盛果期后，在有空间的位置，可改变角度培养成枝组；最后，对长势中庸或细弱的 1 年生枝，可根据空间大小或疏除或缓放后，培养成结果枝组。

七、花果管理技术

　　梨树的落花现象比较严重，落花一般在开花后 10d 内发生，主要是授粉受精不良。由于梨树多数品种没有自花结果能力，必须有适宜的授粉品种为其授粉才能结果。当授粉品种不适宜、授粉树数量不足或花期气候异常而影响授粉昆虫的活动时，就不能很好地授粉受精，从而引起落花。树体营养不良、花芽瘦弱和晚霜冻害也是落花的原因之一。防止落花的主要措施是满足授粉受精条件，如选择适宜的授粉品种、配置足够数量的授粉树、成龄园改接授粉品种、花期放蜂、人工授粉等。

　　落果一般在开花后 30～40d 发生，主要是树体营养不良引起的。梨树开花坐果期是消耗营养最多的时期。旺树营养物质主要供应树体生长，弱树本身营养不足，因而树体生长过旺或过弱都会造成营养不良而引起落果。此外，天气干旱、病虫害等也会引起落果。防止落果的主要措施是增加树体营养贮备，减少萌芽、开花、坐果和新梢生长的养分消耗，早施基肥，及时追肥，合理负载。另外，梨树也有采前落果的现象，主要原因是病虫危害、负载量过大或者树势过旺过弱、大风等，因品种而异。生产中要注意适当留果、分期采收、加强防护等。

（一）提高坐果率技术

1. 人工授粉

　　人工授粉是指通过人为的方式，把授粉品种的花粉传递到主栽品种花的柱头上，其中最有效、最可靠的方法是人工点授。人工授粉不仅可以提高坐果率，而且可使果实发育良好，果大而整齐，从而提高产量与品质。因此，即使在有足够授粉树的情况下，仍然要大力推行人工授粉。

（1）采花

在主栽品种开花前 2～3d，选择适宜的授粉品种，采集含苞待放的铃铛花。此时花药已经成熟，发芽率高，花瓣尚未张开，操作方便，出粉量大。将采集的花朵放在干净的小篮中，也可用布兜盛装，带回室内取粉。花朵要随采随用，勿久放，以防止花药僵干，花粉失去活力。另外，采花时注意不要影响授粉树的产量，可按照疏花的要求进行。

采集花朵时要根据授粉面积和授粉品种的花朵出粉率来确定适宜的采花量。梨树不同品种的花朵出粉率有很大差别。山东省昌潍农业学校研究测定了 19 个梨品种的鲜花出粉率，其中以雪花梨出粉量最大，每 100 朵鲜花可出干花粉 0.845g（带干的花药壳），晚三吉最低，100 朵鲜花仅出干花粉 0.36g，尚不足雪花梨的一半。按出粉量的多少进行排列，出粉多的品种有雪花梨、黄县长把梨、博山池梨、金花梨和明月梨等；出粉量少的品种有巴梨、黄花梨、晚三吉梨和伏茄梨等；而杭青梨、栖霞大香水梨、砀山酥梨、槎子梨、香花梨、锦丰梨、早酥梨、苍溪梨和鸭梨等出粉量居中。总之，白梨系统的品种花朵出粉率较高，新疆梨、秋子梨和杂种梨品种花朵出粉率较低，而砂梨系统的品种居中。

（2）取粉

鲜花采回后立即取花药。在桌面上铺一张光滑的纸，两手各拿一朵花，花心相对，轻轻揉搓，使花药脱落，落在纸上，然后去除花瓣和花丝等杂物，准备取粉。也可利用打花机将花搓碎，再筛出花药，一般每千克梨树鲜花可采鲜花药 130～150g，干燥后带花药壳的干粉 30～40g。生产经验表明，15g 带花药壳的干花粉（或5g 纯花粉）可为生产 3 000kg 梨果的花朵授粉。

取粉方法有 3 种：

第一种是阴干取粉，也称晾粉。将鲜花药均匀地摊在光滑干净的纸上，在通风良好、室温 20～25℃、空气相对湿度 50%～70% 的房间内阴干，避免阳光直射，每天翻动 2～3 次，一般经过 1～2d 花药即可自行开裂，散出黄色的花粉。

第二种方法是火炕增温取粉。在火炕上面铺上厚纸板等，然后放上光滑洁净的纸，将花药均匀地摊在上面，并放上一只温度计，保持温度在 20～25℃，一般 24h 左右即可散粉。

第三种方法是温箱取粉。找一个纸箱或木箱，在箱底铺一张光洁的纸，摊上花粉，放上温度计，上方悬挂一个 60～100W 的灯泡，调整灯泡高度，使箱底温度保持在 20～25℃，一般经 24h 左右即可散出花粉。

干燥好的花粉连同花药壳一起收集在干燥的玻璃瓶中，放在阴凉干燥处备用。当取粉量很大时，也可以筛去花药壳，只留花粉，以便保存。保存于干燥容器内，放在 2～8℃ 的低温黑暗环境中。

（3）授粉

梨花开放当天授粉坐果率最高，因此要在有 25% 的花开放时抓紧时间开始授粉。据试验证明，八核胚囊于花朵开放时才成熟，开放 6～7h 后柱头出现黏液，并可保持 30h 左右，由此，开花当天或翌日授粉效果最好，花朵坐果率在 80%～90%，4～5d 后授粉，坐果率为 30%～50%，而开花 6d 后再授粉，坐果率不足 15%。授粉要在上午 9 时至下午 4 时进行，上午 9 时之前露水未干，不宜授粉。另据林真二（1956）研究，授粉后 2h，部分花粉管进入花柱，降雨不影响授粉效果，但在 2h 内降雨，不仅流失部分花粉（20%～50%），还会使花粉粒破裂，丧失发芽力，应重新授粉。同时要注意分期授粉，一般整个花期授粉 2～3 次效果比较好。

授粉方法有 3 种：①点授。用旧报纸卷成铅笔粗细的硬纸棒，一端磨细呈削好的铅笔样，用来蘸取花粉。也可以用毛笔或橡皮头蘸取花粉。花粉装在干燥洁净的玻璃小瓶内，授粉时将蘸有花粉的纸棒向初开的花心轻轻一点即可。一次蘸粉可以点授 3～5 朵花。一般每花序授 1～2 朵边花，优选粗壮的短果枝花授粉。剩余的花粉如果结块，可带回室内晾干散开再用。人工点授可以使坐果率达到 90% 以上，并且果实大小均匀，品质好。

②花粉袋撒粉。将花粉与 50 倍的滑石粉或者地瓜面混合均匀，装在两层纱布做成的袋中，绑在长竿上，在树冠上方轻轻振动，使花粉均匀落下。

③液体授粉。将花粉过筛，筛去花药壳等杂物，然后按每千克水加花粉 2～2.5g、糖 50g、硼砂 1g、尿素 3g 的比例配制成花粉悬浮液，用超低量喷雾器对花心喷雾。注意花粉悬浮液要随配随用，在 1～2h 内喷完。喷雾授粉的坐果率可达到 60% 以上，如果与 0.002% 赤霉素溶液混合喷雾则效果更好，喷布时期以全树有 50%～60% 花朵刚开花时为宜，结果大树每株喷 150～250g 即可。

注意为保持花粉良好的生活力，制粉过程中要注意防止高温伤害，避免阳光直射，制好的花粉要放在阴凉干燥处保存。天气不良时，要突击点授，加大授粉量和授粉次数，以提高授粉效果。

2. 果园放蜂

果园花期放蜂，可以大大提高授粉效率，同时可以避免人工授粉对时间掌握不准、对树梢及内膛操作不便等弊端，是一种省时、省力、经济、高效的授粉方法。

果园放蜂要在开花前 2～3d 将蜂箱放入果园，使蜜蜂熟悉果园环境。一般每箱蜂可以满足 1hm² 果园授粉。蜂箱要放在果园中心地带，使蜂群均匀地散飞在果园中。

花期壁蜂的授粉能力是普通蜜蜂的 70～80 倍，每公顷果园仅需 900～1 200 头即可满足需要，角额壁蜂可显著改善果树授粉受精的条件，从而大幅度提高果树坐果率、产量和品质。

角额壁蜂的放养方法：将内径 5～7mm 芦苇用壁纸刀削成一端留茎节的 16～17cm 的巢管或用硬纸质的报纸卷成纸筒，一头用纸包住，堵死，芦苇管或纸管的开口端可用无异味的红、绿、黄、白等广告色按 1：3：3：3 的比例涂色，然后每 50 支扎成 1 捆，放入 30cm×15cm×20cm 的砖体蜂巢或纸箱内，每箱放 7 捆。蜂巢或纸箱距地表 30cm，箱口朝西南方向，箱上搭防雨棚。果园内每隔 40m 建一蜂巢或纸箱。纸箱的支架上每隔 1d 刷一遍废机油，防止蚂蚁等爬到箱上。为了供壁蜂筑巢用泥，在箱前 2~3m 处人工造一个穴，为减少水分渗漏在穴四周，铺一层塑料布，上面放湿泥，每晚加一次水。在鸭梨花开前 3~4d(4 月 2~3 日)，从冰箱内取出蜂茧放入纸箱内，每箱放蜂茧 350 个，5 月 10 日左右取回管巢，用纱布包起吊在通风、清洁的房间内贮存。为保证壁蜂活动期与梨花期一致，在 12 月底将蜂茧从巢管中取出，放入罐头瓶中，再放入冰箱冷藏室内备用。

果园放蜂要注意花前及花期不要喷农药，以免引起蜜蜂中毒，造成损失。

3. 加强梨园综合管理水平

提高树体贮备营养水平，改善花器官的发育状况，调节花、果与新梢生长的关系，是提高坐果率的根本途径。梨树花量大，花期集中，萌芽、展叶、开花、坐果需要消耗大量的贮备营养。生产中应重视后期管理，早施基肥；保护叶片，延长叶片功能期；改善树体光照条件，促进光合作用，从而提高树体贮备营养水平。同时，通过修剪除密挤、细弱枝条，控制花芽数量，集中营养，保证供应，以满足果实生长发育及花芽分化的需要。

4. 及时灌水

萌芽前及时灌水，并追施速效氮肥，补充前期对氮素的消耗。

5. 合理配置授粉树

建园时，授粉品种与主栽品种比例一般为 1：（4~5）；而成龄果园授粉树数量不足时，可以采用高接换头的方法改换授粉品种；花期采用人工授粉、果园放蜂等措施，均可显著提高坐果率。

6. 花期喷布微肥或激素

在 30% 左右的梨花开放时，喷布 0.3% 硼砂溶液，可有效地促进花粉粒的萌发；喷 1%～2% 糖水，可引诱蜜蜂等昆虫，提高授粉效率；喷布 0.3% 尿素溶液，可以提高树体的光合效率，增加养分供应。另外，据试验，花期喷布 0.002% 赤霉素溶液或 1%～2% 食醋，对提高茌梨坐果率有较好的效果。

7. 花期防霜技术

尽管梨树休眠期抗寒性比较强，但在花期前后耐寒力比较差。我国北方地区梨树开花多在终霜期之前，很容易发生花期冻害，造成减产甚至绝产。晚霜的危害以北方梨区为主，因为梨树的花期多在晚霜期以前，梨树的耐寒能力因种（或品种）的差异而不尽相同，一般秋子梨的耐寒力较强，白梨、砂梨的耐寒力相对较弱，但均以花期抗冻能力最低。茌梨在花序分离期若遇到 −5℃ 的低温，可有 15%～25% 的花受冻。茌梨边花各物候期受冻的临界温度分别为：现蕾期 −5℃，花序分离期 −3.5℃，开花前 1～2d −2～−1.5℃，开花当天 −1.5℃。鸭梨比茌梨抗冻性稍强，各物候期受冻的临界温度比茌梨低 0.3～0.5℃。首先受害的是花器中的雌蕊，将直接影响产量；霜冻严重时，会因雌蕊、雄蕊和花托全部枯死脱落而造成绝产。即使在幼果形成后出现霜冻，亦会造成果实畸形，影响外观品质和商品价值。因此，搞好花期防冻十分重要。

（1）调控梨园环境

①为防止冻害，建园时要避开风口及低洼地势；在梨园周围营造防护林。

②生产中加强梨园田间管理，使树体生长健壮，提高树体营养水平，提高抗冻能力；尽量避免枝条发育不良现象，修剪时，应适当多留花芽，不要过多疏除花芽枝。并秋施基肥，提高树体贮藏营养水平，以增强自身的抵抗力。

③萌芽前至花期多次浇水，可起到降低土壤温度、延迟发芽和开花的目的。喷灌亦可起到降低树体及土壤温度、延迟开花的作用。在预报发生霜冻以前，果园灌水，可延迟开花期，避开霜冻。

④树干涂白，延迟花期，如在秋末冬初进行主干涂白〔生石

灰：石硫合剂：食盐：黏土：水＝10：2：2：1：（30～40）]，可以减少对太阳能的吸收，使树体温度在春天变化幅度变缓，减少树体冻害和日烧，延迟萌芽和开花。另外，早春用9％～10％石灰液喷布树冠，可使花期延迟3～5d。

⑤喷布0.025％～0.05％萘乙酸钾溶液，对防止和减轻冻害均有较好的作用。

（2）熏烟

熏烟能形成一个保护罩，减少地面热量散失，阻碍冷空气下降，同时烟粒吸收湿气，使水汽凝聚成液体放出热量，提高气温，避免或减轻霜冻。霜冻发生时，可以在梨园点火熏烟，即在园内用柴草、锯末等做成发烟堆，燃烧点设置主要依据燃烧器具的种类、降温程度和防霜面积等来确定，原则上园外围多、园内少，冷空气入口处多、出口处少，地势低处多、高出少。

当梨园凌晨3时左右气温降至0℃时点火生烟，可使气温提高1～2℃，减轻冻害。点火过早，浪费资材；点火过晚，防霜冻效果差。点火时，首先确定空气流入方向，外围要早点火，然后依据温度下降程度确定点火数目和调节火势大小，尽量控制园内温度处于临界温度以上。如夜间有风或多云天气，降温缓慢，可熄灭部分燃烧点，节约燃料；反之，则应增加点火数目，提高园内温度。常见的燃烧材料，如柴油、锯末油、麦草秸秆、烟雾剂等。

另外，发生冻害后，要认真进行人工授粉，保证未受冻或受冻轻微的花能够开花坐果，尽量减少产量损失。也可以喷布0.005％～0.01％赤霉素溶液来提高坐果率，或者喷布0.003 5％～0.005 0％吲哚乙酸溶液以诱发单性结实。

（二）疏花疏果与合理负载

合理疏花疏果，可以节省大量养分，使树体负载合理，维持健壮树势，提高果品质量，防止大小年结果现象，保证丰产、稳产。

1. 适宜的留果标准

适宜的留果量，既要保证当年产量，又不能影响翌年的花量；既要充分发挥生产潜力，又能使树体有一定的营养贮备。因此，留花留果的标准应根据品种、树龄、管理水平及品质要求来确定。一般有以下几种方法：

（1）根据干截面积确定留花留果量

树体的负载能力与其树干粗度密切相关。树干越粗表明地上、地下物质交换量越多，可承担的产量也越高。山东农业大学研究表明，梨树每平方厘米干截面积可负担 4 个梨果，不仅能够实现丰产、稳产，并能够保持树体健壮。按干截面积确定梨树的适宜留花、留果量的公式为：$Y=4 \times 0.08 C^2 \times A$。其中，$Y$ 是指单株合理留花、留果数量（个）；C 是指树干距地面 20cm 处的干周（单位为 cm）；A 为保险系数，花定果时取 1.20（即多保留 20%的花量），疏果时取 1.05（即多保留 5%的幼果）。使用时，只要量出距地面 20cm 处的干周，带入公式即可计算出该单株适宜的留花、留果个数。如某株梨树干周为 40cm，其合理的留花量 $=4 \times 0.08 \times 40^2 \times 1.20=614.4 \approx 614$（个），合理留果量 $=4 \times 0.08 \times 40^2 \times 1.05=537.6 \approx 538$（个）。

（2）依主枝截面积确定留花留果量

依主干截面积确定留花留果量，在幼树上容易做到。但在成龄大树上，总负载量如何在各主枝上均衡分配难以掌握。为此，可以根据大枝或结果枝组的枝轴粗度确定负载量。计算公式与上述相同。

（3）间距法疏花疏果

按果实之间彼此间隔的距离大小确定留花留果量，是一种经验方法，应用比较方便。一般中型果品种如鸭梨、香水梨和黄县长把梨等的留果间距为 $20 \sim 25cm$，大型果品种间距适当加大，小型果品种间距可略小。

2. 疏花疏果

梨树的开花坐果期是消耗营养最多的时期，从节省营养的角度看，疏花疏果的时间越早，效果越好，所以疏果不如疏花，疏花不如疏芽。

（1）疏芽

修剪时疏除部分花芽，调整结果枝与营养枝的比例在1：3.5左右，每个果实占有15～20片叶片比较适宜。

（2）疏花

疏花时间要尽量提前，一般在花序分离期即开始进行，至开花前完成。按照确定的负载量选留花序，多余花序全部疏除。疏花时要先上后下、先内后外，先去掉弱枝花、腋花及梢头花，多留短枝花。待开花时，再按每花序保留2～3朵发育良好的边花，疏除其他花朵。经常遭受晚霜危害的地区，要在晚霜过后再疏花。

（3）疏果

疏果也是越早越好，一般在花后10d开始，20d内完成。一般品种每个花序保留一个果，花少的年份或旺树旺枝可以适当留双果，疏除多余幼果。树势过弱时适当早疏少留，过旺树则适当晚疏多留。

如果前期疏花疏果时留果量过大，到后期明显看出负载过量时，要进行后期疏果。后期疏果虽然比早疏果效果差，但相对不疏果来讲，不仅不会降低产量，相反能够提高产量与品质，增加效益。

另外，留果量是否合适，要看采收时果实的平均单果重与本品种应有的标准单果重是否一致。如果二者接近，说明留果量比较适宜；如果平均单果重明显小于标准单果重，则表明留果量偏大，翌年要适当减少，相反，翌年要加大留果量。

（三）果实套袋技术

梨果实套袋能够显著提高果实外观质量，预防或防止大量病虫的危害，降低果实农药残留量，生产绿色果品，提高梨果商品价值，从而增加果农收入。

1. 梨果套袋的作用效果

（1）果面光洁、果实美观

果实在袋内微环境中生长发育，大大减少了叶绿素的生成，改变了果面颜色，增加了美感，提高了商品价值。如我国的大部分梨品种、日本的二十世纪、新世纪等套袋果呈现浅黄色或浅黄绿色，贮后金黄色，色泽淡雅；褐皮梨如丰水、幸水、新高等可由黑褐色转为浅褐色或红褐色；红皮梨如红香酥、八月红以及红色西洋梨呈现鲜红色。

梨幼果期套上纸袋后，果实长期保护在袋内生长，避免了风、雨、强光、农药、灰尘等对果面的刺激，减少了果面枝叶摩斑、煤污斑、药斑，因此套袋果果面光滑洁净。套袋后延缓和抑制了果点、锈斑的形成，果点小、少、浅，基本无锈斑生成，同时蜡质层分布均匀，果皮细腻有光泽。对于外观品质差、果点大而密的茌梨、锦丰梨效果尤为明显。

梨果套袋栽培是一项高度集约化、规范化的生产技术，套袋前必须保证授粉受精良好，严格疏花疏果，合理负载，疏除梢头果、残次果以及多余幼果，按负载量留好果套袋。因此，管理水平高的梨园，套袋果基本都能长成完美无缺的商品果，下脚果极少。

（2）减轻病虫害发生，降低农药残留

套袋对病虫害发生具有双重影响。一方面，纸袋通过物理隔绝和化学防除作用极大地减轻一般性果实病虫害如裂果、轮纹病、黑星病、黑斑病、炭疽病以及梨食心虫类、蛀果蛾、吸果夜蛾、椿象、鸟类、金龟子、蜂等果实虫害，防虫果袋还具有防治黄粉虫、康氏粉蚧等入袋害虫的作用。套在袋内的果实由于不直接与农药接触，加之喷药次数的减少，果实农药残留量较不套袋果大大降低。另一方面，纸袋提供的微域环境减轻具有喜温、趋湿、喜阴习性的害虫及某些病害的发生。容易发生的虫害主要有黄粉虫、康氏粉蚧、梨木虱及象甲类害虫等，容易发生的病害可分生理性、病菌性、物理性病害三大类。生理性病害有缺钙症和缺硼症，发生率比

不套袋果园高出 1 倍多；病菌性病害形成果面黑点（斑）甚至腐烂；物理性病害有日烧、蜡害等，发生程度取决于果袋质量和天气状况。

梨的裂果通常发生于果实生长发育的后期，表皮层细胞分生能力减弱，果实内部生长应力增大而果皮不能适应这种应力导致果皮开裂，发生裂果。套袋显著预防或减轻梨的裂果现象，据刘建福等研究，南方地区早酥梨套袋后裂果率为 7.50%，而不套袋果裂果率高达 63.41%，且套袋后裂口长度短、深度浅，裂果指数小。分析认为，套袋防止裂果的主要原因是袋内相对稳定的微域环境防止或减轻了果皮所受不良环境条件的刺激，同时套袋果实内钾元素显著增加，有助于调节细胞水分，从而防止裂果。

黑点病多由病原菌侵染引起，高温高湿是主要的致病因素，透气性好的纸袋发病轻。研究表明，鸭梨黑点病主要由细交链孢（*Alternaria tenuis* Nees）和粉红单端孢（*Trichotheciurm roseurn* Link）真菌侵染所致。除病原菌外，梨木虱、黄粉虫、黑星病、黑斑病危害以及药害等也可造成黑点（斑）。套袋后，纸袋内温度高于外界 20.3%～50.7%，高温干旱引起果实异常高温，超过果实自身温度调节限度，或内袋蜡化，导致日灼和蜡害。通透性不良的纸袋袋内高温高湿，果皮蜡质层和角质层被破坏，皮层裸露木栓化形成浅褐色至深褐色的水锈和虎皮果。疙瘩梨是由于缺硼或椿象为害形成的。

套在纸袋内的果实由于不直接接触农药，加之打药次数的减少，因此果实农药残留量极低，完全能达到生产无公害果品的要求。据测定，不套袋果农药残留量可达 0.23mg/kg，而套袋果仅为 0.045mg/kg。

(3) 增强果实耐贮性

果皮结构对果实贮藏性能有重要影响。果实散失水分主要通过皮孔和角质层裂缝，而角质层则是气体交换的主要通道。角质层过厚则果实气体交换不良，二氧化碳、乙醛、乙醇等积累而发生褐变；过薄则果实代谢旺盛，抗病性下降。张华云等也认为，具封闭型皮孔的梨品种贮藏过程中失重率较低，而具开放型皮孔的梨失重率较高，且失重率与皮孔覆盖值呈极显著正相关，过厚的角质层和过小的胞间隙率，可能是莱阳茌梨和鸭梨果心易褐变的内在因素之一。套袋后皮孔覆盖值降低，角质层分布均匀，果实不易失水、褐变，果实硬度增加，淀粉比例高，贮藏过程中后熟缓慢，同时套袋减少了病虫侵染，贮藏病害也相应减少，显著提高果实的贮藏性能。

果实套袋后避免了病虫侵入果实和果实表面的病菌、虫卵形成，大大减轻了轮纹病、黑星病、黑斑病等贮藏期病害的发生。梨果可带袋采收，这样就减少了机械伤，同时由于果面洁净，带入箱内、库内的杂菌数量也相应减少，这也是贮藏期病害少的原因之一。有试验表明，套袋鸭梨果实在入库后急剧降温的情况下前期黑心病的发病概率明显低于不套袋果。另外，套袋果失水少，不皱皮，淀粉比例高，后熟缓慢，因此成为气调冷藏的首选果实。

某些梨品种如莱阳茌梨、鸭梨等在低温贮藏过程中易发生果心和果肉的组织褐变，大量研究表明，这与果实中的简单酚类物质含量有关，在多酚氧化酶的催化下酚类物质氧化为醌，醌可以通过聚合作用产生有色物质从而引起组织褐变。套袋后果实简单酚类物质及多酚氧化酶含量均下降，从而减轻了贮藏过程中的组织褐变现象。申连长等观察到套袋鸭梨贮藏过程中具有较强的抗急冷能力，张玉星等报道套袋后鸭梨果皮和果肉脂氧合酶（LOX）活性显著降低，并认为这可能是套袋鸭梨较耐贮藏的原因之一。但是，黄新忠等在黄花梨、杭青梨和新世纪梨上的套袋试验表明，套袋果果皮受机械伤及果实切开后果肉、果心极易发生褐变现象。

（4）套袋对果实食用品质的影响

梨果套袋虽然显著改善果实外观品质和贮藏性能，但不利于果实中碳水化合物的积累，表现为果实中可溶性固形物、可溶性糖、维生素 C 和酯类物质含量下降，高密度袋、遮光性越强的纸袋下降幅度越大，但鸭梨烷类和醇类物质含量增加，可滴定酸含量也有增加的趋势。套袋后降低了果皮中叶绿素的含量，而果皮中叶绿素光合作用制造的光合产物可直接贮存在果实中。辛贺明等观察到，鸭梨套袋后果实温度增高，诱导了过氧化物酶活性的提高，导致果实呼吸强度增加，果实中光合产物作为呼吸底物被消耗，同时套袋降低了己糖激酶活性，抑制了果实早期淀粉的积累，并认为这可能是套袋后果实碳水化合物含量降低的原因之一。另外，套袋后果皮变薄，果肉石细胞含量减少，果肉更加细脆，可食部分增加等，也有利于食用品质的提高。

（5）预防鸟害和机械伤害

梨果套袋后可避免果实造成意外的伤害。如可减轻冰雹伤害；可预防由于违规操作喷洒农药而造成的药害；有利于果实的分期分批采收；在延迟采收的情况下还可防止鸟类、大金龟子、大蜂等为害果实；减轻日灼病的危害。

2. 果袋种类

（1）果袋的构造

梨果袋由袋口、袋切口、捆扎丝、丝口、袋体、袋底、通气放水口等7个部分构成。袋切口位于袋口单面中间部位，宽4cm，深1cm，便于撑开纸袋，由此处套入果柄，利于套袋操作，便于使果实位于袋体中央部位。捆扎丝为长2.5～3.0cm的20号细铁丝（直径0.9mm），用来捆扎袋口，能大大提高套袋效率。捆扎丝有横丝和竖丝两种，大部分果袋为竖丝。通气放水口的大小一般为0.5～1.0cm，它的作用是使袋内空气与外界连通，避免袋内空气温度过高和湿度过大而对果实尤其是幼果的生长发育造成不利影响；另外，若袋口捆扎不严而雨水或药水进入袋内，可以由通气放水口流出。如果袋内温度高、湿度大，没有通气孔，果实下半部浸泡在雨水或药水中，非但不能达到套袋改善果实外观品质的效果，而且还会加重果点与锈斑的发生，影响果面蜡质的生成，甚至果皮开裂、果肉腐烂。

（2）果袋的标准

纸质是决定果袋质量的最重要因素之一，商品纸袋的用纸应为全木浆纸，而不是草浆纸，因为木浆纸机械强度比草浆纸大得多，经风吹、日晒、雨淋后不发脆、不变形、不破损。为防治果实病害和入袋害虫，纸袋用纸需经过物理、化学方法涂布杀虫、杀菌剂（特定杀虫、杀菌剂配方定量涂布），在一定温度条件下产生短期雾化作用，抑制病虫源进入袋内侵染果实或杀死进入袋内的病虫源。套袋后对果实质量影响最大的是果袋的透光光谱和透光率，由纸袋用纸的颜色和层数决定。另外，纸袋用纸还影响袋内温湿度状况，用纸透隙度好，外表面颜色浅，反射光较多的果袋袋内湿度小，温度不致过高或升温过快，减少对前期果实生长和发育的不良影响。为有效增强果袋的抗雨水能力和减小袋内湿度，外袋和内袋均需用石蜡或防水胶处理。

商品袋是具有一定耐候性、透隙度及干湿强度，一定的透光光谱和透光率及特定涂药配方的定型产品，具有遮光、防水、透气作用，袋内湿度不致过高，温度较为稳定，且具有防虫、杀菌作用。果实在袋内生长，且受到保护，避光、透气、防水、防虫、防病，大大提高果实的商品价值。有人甚至认为，套袋后减轻了光对生长素的破坏作用，果实生长较快，有增大果个的作用。

（3）果袋的种类

合格的商品袋是经过果袋专用原纸选择及专用制袋机、涂布分切机、专用黏合剂的研制等一系列工序制成。梨果套袋技术发展到今天，果袋的种类很多，日本已开发出针对不同地区、不同品种的各种果袋。按照果袋的层数可分为单层、双层两种。单层袋只有一层原纸，重量轻，有效防止风刮折断果柄，透光性相对较强，一般用于果皮颜色较浅、果点稀少且浅、不需着色的品种。双层袋有两层原纸，分内袋和外袋，遮光性能相对较强，用于果皮颜色较深以及红皮梨品种，防病的效果好于单层袋。按照果袋的大小有大袋和小袋之分。大袋规格为宽 140~170mm，长 170~200mm，套袋后一直到果实采收；小袋亦称防锈袋，规格一般为 60mm×90mm 或 90mm×120mm，套袋时期比大袋早，坐果后即可进行套袋，可有效防止果点和锈斑的发生，当幼果体积增大，而小袋容不下时即行解除（带捆扎丝小袋），带糨糊小袋不必除袋，随果实膨大自行撑破纸袋而脱落。小袋在绝大多数情况下用防水胶黏合，套袋效率高，但也有用捆扎丝的。生产中也有小袋与大袋结合用的，先套一次小袋，然后再套大袋至果实采收。

按照果袋捆扎丝的位置可分为横丝和竖丝两种；若按涂布的杀虫、杀菌剂不同可分为防虫袋、杀菌袋及防虫杀菌袋3类。按袋口形状又可分为平口、凹形口及V形口几种，以套袋时便于捆扎、固定为原则。若按套用果实分类可分为青皮梨果袋和赤梨果袋等，其他还有针对不同品种的果袋以及着色袋、保洁袋、防鸟袋等。

日本研制的梨果袋主要有：①二十世纪袋：双层袋，外层为40～45g打蜡条纹牛皮纸，内层为白色打蜡小棉纸，规格为165mm×143mm，防虫、防菌；②赤梨袋：双层袋，外层为40～45g打蜡条纹牛皮纸，内层为淡黄色打蜡小棉纸，规格为165mm×143mm，防虫、防菌；③洋梨袋：双层袋，规格为142mm×172mm或165mm×195mm，防虫、防菌；④单层袋：45g打蜡条纹牛皮纸，规格为165mm×143mm，防虫、防菌。

3. 套袋前的管理

早春梨树发芽前后是病虫开始活动的时期，再者梨园套袋后给喷药工作带来了诸多不便，因此套袋前的病虫害防治等管理工作是关键。此期重点是要加强对梨木虱、梨蚜、红蜘蛛等的防治。

(1) 加强栽培管理

合理的土肥水管理，养成丰产、稳产、健壮树势，增强树体抗病性，合理整形修剪使梨园通风透光良好；进行疏花疏果、合理负载是套袋梨园的工作基础。

(2) 喷药

为防止把危害果实的病虫害如轮纹病、黑星病、黄粉虫、康氏粉蚧套入袋内增加防治的难度，套袋前必须严格喷一遍杀虫、杀菌剂，这对于防治套袋后的果实病虫害十分关键。

用药种类主要针对危害果实的病虫害，同时注意选用不易产生药害的高效杀虫、杀菌剂。忌用油剂、乳剂和标有"F"的复合剂农药，慎用或不用波尔多液、无机硫剂、三唑福美类、硫酸锌、尿素及黄腐酸盐类等对果皮刺激性较强的农药及化肥。高效杀菌剂可选用50％甲基硫菌灵可湿性粉剂800倍液、70％甲基硫菌灵可湿性粉剂800倍液、10％多抗霉素可湿性粉剂1 500倍液、1.5％多抗霉素可湿性粉剂400倍液、或甲基硫菌灵＋代森锰锌、多菌灵＋三乙膦酸铝、甲基硫菌灵＋多抗霉素等药剂。杀虫剂可选用菊酯类农药。为减少打药次数和梨园用工，杀虫剂和杀菌剂宜混合喷施，如70％甲基硫菌灵可湿性粉剂800倍液＋20％灭多威乳油1 000倍液或12.5％烯唑醇可湿性粉剂2 500倍液＋25％溴氰菊酯乳油3 000倍液。

套袋前喷药重点为喷洒果面，但喷头不要离果面太近，否则压力过大易造成锈斑或发生药害，药液喷成细雾状均匀散布在果实上，应喷至水洗状。喷药后待药液干燥后即可进行套袋，严禁药液未干即进行套袋，否则会产生药害。喷一次药可套袋2～3d，2～3d后效果大减，因此可边喷药边套袋。

4. 果袋的选择

目前生产中纸袋种类繁多，梨品种资源丰富，各个栽培区气候条件千差万别，栽培技术水平各异，因此，纸袋种类直接影响到套袋的效果和套袋后的经济效益，应根据不同品种、不同气候条件、不同套袋目的及经济条件等选择适宜的纸袋种类。对于一个新袋种的出现应该先做局部试验，确定没有问题后再推广应用。

世界梨属资源异常丰富，栽培梨就有白梨、砂梨、西洋梨、秋子梨、新疆梨五大系统。因此，梨的皮色十分丰富，主要有绿色、褐色、红色3种，其中绿色又包括黄绿色、绿黄色、翠绿色、浅绿色等；褐色包括深褐色、绿褐色、黄褐色；红色包括鲜红色、暗红色等。对于外观不甚美观的褐皮梨而言，套袋显得尤其重要。除皮色外，梨各栽培品种果点和锈斑的发生也不一样，如茌梨品种群果点大而密，颜色深，果面粗糙；西洋梨则果点小而稀，颜色浅，果面较为光滑。因此，以鸭梨为代表的不需要着色的绿色品种以单层袋为宜，如石家庄果树研究所研制的 A 型和 B 型梨防虫单层袋应用于鸭梨效果较好。但应用于不同品种和地区之前应先试用再推广，如雪花梨在夏季高温多雨、果园湿度大的地区套袋易发生水锈，茌梨和日本梨的某些品种也易发生水锈。对于果点大而密的茌梨、锦丰梨宜选用遮光性强的纸袋。对日本梨品种而言，新水、丰水宜用涂布石蜡的牛皮纸单层袋，幸水宜用内层为绿色、外层为白色的纸袋，新兴、新高、晚三吉等宜用内层为红色的双层袋。对于易感轮纹病的西洋梨宜选用双层袋，比单层袋更能起到防治轮纹病的效果。需要着色的西洋梨及其他红皮梨选用内袋为红色的双层袋，不需着色的西洋梨选用内袋为透明的蜡纸袋，适度减少叶绿素的形成，后熟后形成鲜亮的黄色。

5. 套袋时期与方法

梨果皮的颜色和粗细与果点和锈斑的发育密切相关。果点主要是由幼果期的气孔发育而来的，幼果茸毛脱落部位也形成果点。梨幼果跟叶片一样存在着气孔，能随环境条件（内部的和外部的）的变化而开闭，随幼果的发育，气孔的保卫细胞破裂形成孔洞，与此同时，孔洞内的细胞迅速分裂形成大量薄壁细胞填充孔洞，填充细胞逐渐木栓化并突出果面，形成外观上可见的果点。气孔皮孔化的时间一般从花后 10～15d 开始，最长可达 80～100d，以花后 10～15d 后的幼果期最为集中。因此，要想抑制果点发展，获得外观美丽的果实，套袋时期应早一些，一般从落花后 10～20d 开始套袋，在 10d 左右时间内套完，如果落花后 25～30d 才套袋保护果实，此时气孔大部分已木栓化变褐，形成果点，达不到套袋的预期效果。但如果套袋过早，纸袋的遮光性过强，则幼果角质层、表皮层发育不良，果实光泽度降低，果变小，果实发育后期如果增长过快会造成表皮龟裂，形成褐色木栓层。梨不同品种果实斑点发展过程见表7-1。

表 7-1　梨不同品种果实斑点发展过程

（于绍夫等，2002）

调查日期（月/日）	绿皮梨品种	褐皮梨品种	中间色品种
5/1	不形成斑点	不形成斑点	不形成斑点
5/10	不形成斑点	果点多数斑点化	果点少数斑点化
5/23	果点稍微斑点化	90%～100%果点斑点化	30%果点斑点化
6/2	10%～30%果点斑点化	果点间斑点化增多	50%～90%果点斑点化
6/17	大部分果点斑点化	果点间80%斑点化	果点间部分斑点化
6/27	大部分果点斑点化	果点间全部斑点化	果点间50%斑点化

梨的不同品种套袋时期也有差异。果点大而密、颜色深的锦丰梨、苤梨落花后1周即可进行套袋，落花后15d套完；为有效防止果实轮纹病的发生，西洋梨的套袋也应尽早进行，一般从落花后10～15d即可进行套袋；京白梨、南果梨、库尔勒香梨、早酥梨等果点小、颜色淡的品种套袋时期可晚一些。

锈斑的发生是由于外部不良环境条件刺激造成表皮细胞老化坏死或内部生理原因造成表皮与果肉增大不一致而致表皮破损，表皮下的薄壁细胞经过细胞壁加厚和木栓化后，在角质、蜡质及表皮层破裂处露出果面形成锈斑。锈斑也可从果点部位及幼果茸毛脱落部位开始发生，而且幼果期表皮细胞对外界强光、强风、雨、药液等不良刺激敏感，因此，为防止果面锈斑的发生也应尽早套袋。套袋时期越长则锈斑面积越小，颜色越浅。因此，适宜的套袋时期对外观品质的改善至关重要，套袋时期越早、套袋期越长，套袋果果面越洁净美观。据冉辛拓研究结果，套袋期为110d以上、80d和60d的果点指数平均为0.18、0.23和0.475，分别相当于对照的20.2%、25.8%和53.4%，果色指数平均为0.20、0.27和0.515，分别相当于对照的22.6%、30.5%和58.2%。

6. 套袋操作方法

首先在严格疏花疏果的基础上，喷药后即可进行套袋。在套袋的同时，进一步选果，选择果形端正的下垂果，这样的果易长成大果而且由于有叶片遮挡阳光，可避免日烧的发生。选好果后小心地除去附着于蒂部的花瓣、萼片及其他附着物，因为这些附着物长期附着会引起果实附着部位湿度过大形成水锈。套袋前3～5d将整捆纸袋用单层报纸包好埋入湿土中湿润袋体，也可喷少许水于袋口处，以利套袋操作和扎严袋口。梨果柄较长，因此套袋的具体操作方法与苹果不同。

（1）大袋套袋方法

为提高套袋效率，操作者可在胸前挂一围袋装果袋，使果袋伸手可及。取一叠果袋，袋口朝向手臂一端，有袋切口的一面朝向左手掌，用无名指和小拇指按住，使大拇指、食指和中指能够自由活动。用右手大拇指和食指捏住袋口一端，横向取下一枚果袋，捻开袋口，一手托袋底，另一只手伸进袋内撑开袋体，捏一下袋底两角，使两底角的通气放水口张开，并使整个袋体鼓起。一手执果柄，一手执果袋，从下往上把果实套入袋内，果柄置于袋口中间切口处，使果实位于袋内中部。从袋口中间果柄处向两侧纵向折叠，把袋口折叠到果柄处，于丝口上方撕开将捆扎丝反转90°，沿袋口旋转一周于果柄上方2/3处扎紧袋口。然后，托打一下袋底中部，使袋底两通气放水口张开，果袋处于直立下垂状态。

（2）小袋套袋方法

套小袋在落花后1周即可进行，落花后15d内必须套完，使幼果渡过果点和果锈发生敏感期，待果实膨大后自行脱落或解除。由于套袋时间短，果实可利用其果皮叶绿素进行光合作用积累碳水化合物，因此套小袋的果实比套大袋的果实含糖量降低幅度小，同时套袋效率高，节省套袋费用，缺点是果皮不如套大袋的细嫩、光滑。梨套袋用的小袋分为带糨糊小袋和带捆扎丝小袋两种，后者套袋方法基本与套大袋相同，下面仅介绍带糨糊小袋的套袋方法。

取一叠果袋，袋口向下，把带糨糊的一面朝向左手掌，用中指、无名指和小拇指握紧纸袋，使大拇指和食指能自由活动。

取下一个纸袋的方法：用右手大拇指和食指握在袋的中央稍微

向下的部分，横向取下一枚。

袋口的开法：大拇指和食指滑动，袋口即开，把果梗由带糨糊部位的一侧，将果实纳入袋中。

糨糊的贴法：用左手压住果柄，再用右手的大拇指和食指把带糨糊的部分捏紧向右滑动，贴牢。

(3) 注意事项

小袋使用的是特殊黏着剂，雨天、有露水存在、高温（36℃以上）或干燥时黏着力低。小袋的保存应放在冷暗处密封，防止落上灰尘。风大的地区易被刮落，应用带捆扎丝的小袋。

梨果套袋最好全园、全树套袋，便于套袋后的集中统一管理。若要部分套袋则要选择初盛果期树势中庸或偏强的树，不要选择老弱树。对一株树而言，少套正南、西南方向的梨，以减少日烧果率。选树体中部或中前部枝上的果，不套内膛及外围梢头果，套壮枝壮台果，不套弱枝弱台果。

套袋时应注意确保幼果处于袋内中上部，不与袋壁接触，防止椿象刺果、磨伤、日烧以及药水、病菌、虫体分泌物通过袋壁污染果面。套袋过程应十分小心，不要碰触幼果，造成人为"虎皮果"，用力不要过大，防止折伤果柄、拉伤果柄基部或捆扎丝扎得太紧影响果实生长或捆扎丝扎得过松导致风刮果实脱落。袋口不要扎成喇叭口形状，以防积存雨水，要扎严扎紧，以不损伤果柄为度，防止雨水、药液流入袋内或病虫进入袋内。

套袋时应先树上后树下，先内膛后外围，防止套上纸袋后又碰落果实。

八、梨园主要病虫害防治技术

（一）综合防治技术

1. 防治原则

坚持"预防为主，综合防治"的植保方针，要以改善果园生态环境、加强栽培管理为基础，以农业防治和物理防治为优先，积极进行生物防治，主要保护利用天敌，充分发挥天敌的自然生态调控作用，按照病虫害的发生规律和经济阈值，科学使用化学防治技术，选用高效生物制剂和低毒化学农药，注意交替使用，改进施药技术，最大限度地降低农药用量，以便减少污染和残留，有效控制病虫危害。改善田间生态系统，创造适宜梨树生长而不利于病虫发生的环境条件，达到生产安全、优质、无公害梨果的目的。

2. 加强检疫

对苗木、接穗、插条、种子等繁殖材料及果品等进行严格检疫，防止危险性的病虫（如梨火疫病、梨潜皮蛾、梨圆蚧等）传播蔓延，坚决切断传染源。

3. 农业防治

（1）选用无病毒苗木

生产中在保证优质的基础上，尽量选用抗逆性强的品种和无病毒苗木，这样，植株生长势强、树体健壮、抗病虫能力强，可以减少病虫害防治的用药次数，为无公害梨生产创造条件。

（2）果园种草和营造防护林

果园行间种植绿肥（包括豆类和十字花科植物），既可固氮，提高土壤有机质含量，又可为害虫天敌提供食物和活动场所，减轻虫害的发生。有条件的果园，可营造防护林，改善果园的生态条件，建造良好的小气候环境。果园 5km 范围内禁止栽植桧柏，以防锈病的发生。

（3）清理果园

果园一年四季都要清理，发现病虫果、虫苞要随时清除。冬季清除树下落叶、落果和其他杂草，集中烧毁，消灭越冬害虫和病菌。及时刮除老翘皮，刮皮前在树下铺塑料布，将刮除物质集中烧毁，并利用生石灰和石硫合剂混合材料进行树干涂白，杀死树上越冬虫卵、病菌，减少日灼和冻害。越冬前深翻树盘可以消灭部分土中越冬病虫，然后浇水保墒。

（4）加强栽培管理

病虫害防治与品种布局、管理制度有关。切忌多品种、不同树龄混合栽植，不同品种、树龄病虫害发生种类和发生时期不尽相同，对病虫的抗性也有差异，不利于统一防治。加强肥水管理可提高果树抗虫抗病能力，采用适当修剪可以改善果园通风条件，减轻病虫害的发生。果实套袋可以把果实与外界隔离，减少病原菌的侵染机会，阻止害虫在果实上为害，也可避免农药与果实直接接触，提高果面光泽度，减少农药残留。

（5）提高采果质量

果实采收要轻采轻放，避免机械损害，采后必须进行商品化处理，防止有害物质对果实的污染，贮藏保鲜和运输销售过程中保持清洁卫生，减少病虫侵染。

（6）果实套袋

果实套袋可减少病虫为害，降低农药残留。

4. 物理防治

在梨树病虫害管理过程中，许多机械和物理的方法包括温度、湿度、光照、颜色等对病虫害均有较好的控制作用。利用害虫的生活习性，如设置黑光灯、频振式杀虫灯和糖醋液、性诱剂等进行诱杀，设置黄板诱蚜等。早春铺设反光膜或树干覆草，防止病原菌和害虫上树侵染，有利于将病虫集中诱杀。也可人工捕捉成虫，深挖幼虫或种植寄生植物诱集。

（1）捕杀法

捕杀法是指可根据某些害虫（甲虫、黏虫、天牛等）的假死性，人工振落或挖除害虫并集中捕杀。

（2）诱杀法

诱杀法则是根据害虫的特殊趋性诱杀害虫。

①灯光诱杀。利用黑光灯、频振灯诱杀蛾类、某些叶蝉及金龟子等具有趋光性的害虫。将杀虫灯架设于果园树冠顶部，可诱杀果树各种趋光性较强的害虫，降低虫口基数，并且对天敌伤害小，达到防治的目的。杜志辉报道，频振式杀虫灯每台可以控制果园面积 0.87～1km²。每公顷果园防虫费用 183 元，比常规防治费用降低 387 元。

②草把诱杀。秋季在树干上绑草把，可诱杀美国白蛾、潜叶蛾、卷叶蛾、螨类、康氏粉蚧、蚜虫、食心虫、网椿象等越冬害虫。草把固定场所又在靶标害虫寻找越冬场所的必经之道，所以能诱集绝大多数潜藏在其中的越冬害虫。在害虫越冬之前，把草把固定在靶标害虫寻找越冬场所的分枝下部，能诱集绝大多数个体潜藏在其中越冬，一般可获得理想的诱虫效果。待害虫完全越冬后到出蛰前解下草把集中销毁或深埋，消灭越冬虫源。

③糖醋液诱杀。糖醋液配制：1 份糖、4 份醋、1 份酒、16 份水配制。并加少许敌百虫。许多害虫如苹果小卷叶蛾、食心虫、金龟子、小地老虎、棉铃虫等，对糖醋液有很强的趋性，将糖醋液放置在果园中，每 667m² 3～4 盆，一般盆高 1～1.5m，于生长季节使用，可以诱杀多种害虫。

④毒饵诱杀。利用吃剩的西瓜皮加点敌百虫放于果园中，可捕获各类金龟子。将麦麸和豆饼粉碎炒香成饵料，每千克加入敌百虫 30 倍液 30g 拌匀，放于树下，每 667m² 用 1.5～3kg，每株树干周

围一堆，可诱杀金龟子、象鼻虫、地老虎等。特别对新植果园，应提倡使用。果园种蓖麻以驱除食害花蕾的苹毛金龟子。

⑤黄板诱杀。购买或自制黄板，在板上均匀涂抹机油或黄油等黏着剂，悬挂于果园中，利用害虫对黄色的趋性诱杀。一般每 $667m^2$ 挂 $20\sim30$ 块，高 $1\sim1.5m$，当粘满害虫时（$7\sim10d$）清理并移动一次。利用黄板黏胶诱杀蚜虫、梨茎蜂等。

⑥性诱剂诱杀。性诱剂应用于果树鳞翅目害虫防治的较多。其防治作用有害虫监测、诱杀防治和迷向防治 3 个方面。性诱剂一般是专用的，种类有苹小卷叶蛾、桃小食心虫、梨小食心虫、棉铃虫等性诱剂。用性诱芯制成水碗诱捕器诱蛾，碗内放少许洗衣粉，诱芯距水面约 1cm，将诱捕器悬挂于距地面 1.5m 的树冠内膛，每果园设置 5 个诱捕器，逐日统计诱蛾量，当诱捕到第一头雄蛾时为地面防治适期，即可向地面喷洒杀虫剂。当诱蛾量达到高峰，田间卵果量达到 1% 时即是树上防治适期，可向树冠喷洒杀虫剂。国外对于苹果蠹蛾、梨小食心虫等害虫主要推广利用性信息素迷向防治，利用塑料胶条缓释技术，一次释放性信息素可以控制整个生长期危害。使用性信息干扰剂后大幅度减少了杀虫剂的使用（80% 以上）；国内研究出在压低梨小食心虫密度条件下，于发蛾低谷期利用性诱剂诱杀器诱杀成虫的防治技术，进行小面积防治示范，可减少化学农药使用 $1\sim2$ 次。

(3) 阻隔法

是指设法隔离病虫与植物的接触以防止受害，如设置防虫网不仅可以防虫，还能阻碍蚜虫等昆虫迁飞传毒；果实套袋可防止几种食心虫、轮纹病等的发生危害；树干涂白可防止冻害并可阻止星天牛等害虫产卵危害。早春铺设反光膜或树干覆草，防止病原菌和害虫上树侵染，有利于将病虫阻隔、集中诱杀。

5. 生物防治

生物防治法包括保护和利用天敌、使用微生物农药以及利用昆虫性外激素诱杀或干扰雄成虫正常交配等。果园害虫的天敌分为捕食性和寄生性两大类，前者主要包括瓢虫、草蛉、小花蝽、蓟马、食蚜蝇、捕食螨、蜘蛛和鸟类，后者主要包括各种寄生蜂、寄生蝇、寄生菌等，能有效防治蚜虫、梨木虱、梨小食心虫、螨类等害虫。昆虫病原线虫是一类专门寄生害虫的线虫，进入害虫体内迅速释放出所带的共生菌，使昆虫感染而死亡，对食心虫、天牛等有较好防治效果。梨二叉蚜的天敌有瓢虫、草蛉、食蚜蝇、蚜茧蜂等；梨木虱的天敌有花蝽、瓢虫、草蛉、蓟马、肉食性螨、寄生蜂等；梨圆蚧的天敌有红点唇瓢虫、肾斑唇瓢虫、跳小蜂、短喙毛蚜小蜂等。保护和利用天敌，可以有效地控制害虫危害，因此在天敌发生盛期应避免使用广谱性杀虫剂，以防止杀伤天敌。也可以人工饲养天敌，然后释放于果园当中。

6. 化学防治

（1）农药使用原则

①禁止使用剧毒、高毒、高残留农药和致畸、致癌、致突变农药。根据中华人民共和国农业农村部第 199 号公告，国家明令禁止使用六六六、滴滴涕、毒杀芬、二溴氯丙烷、二溴乙烷、杀虫脒、除草醚、艾氏剂、狄氏剂、甘氟、毒鼠强、氟乙酸钠、毒鼠硅、砷类、铅类等18 种农药，并规定甲胺磷、甲基对硫磷、对硫磷、氧化乐果、三氯杀螨醇、久效磷、磷胺、甲拌磷、甲基异柳磷、特丁硫磷、甲基硫环磷、治螟磷、内吸磷、克百威、涕灭威、灭线磷、硫环磷、蝇毒磷、地虫硫磷、氯唑磷、苯线磷、福美砷等农药不得在果树上使用。

②允许使用生物源农药、矿物源农药及低毒、低残留的化学农药。允许使用的杀虫杀螨剂有 Bt（苏云金杆菌）制剂、白僵菌制剂、烟碱、苦参碱、阿维菌素、浏阳霉素、敌百虫、辛硫磷、螨死净、吡虫啉、啶虫脒、灭幼脲 3 号、抑太保、杀铃脲、扑虱灵、卡死克、加德士敌死虫、马拉硫磷、尼索朗等；允许使用的杀菌剂有中生菌素、多氧霉素、农用链霉素、波尔多液、石硫合剂、菌毒清、腐必清、抗霉菌素 120、甲基硫菌灵、多菌灵、异菌脲、三唑酮锈宁、代森锰锌类、百菌清、氟硅唑、三乙膦酸铝、噁唑菌酮等。

③限制使用的中等毒性农药品种有氯氟氰菊酯、S-氰戊菊酯、

氰戊菊酯、氯氰菊酯、哒螨灵、抗蚜威、毒死蜱、杀螟硫磷等。限制使用的农药每种每年最多使用一次，安全间隔期在 30d 以上。

（2）科学使用农药

加强病虫害的预测预报，有针对性地适时用药，未达到防治指标或益虫、害虫比例合理的情况下不用药；根据天敌发生特点，合理选择农药种类、施用时间和施用方法，保护天敌，充分发挥天敌对虫害的自然控制作用；按照农药使用国家标准的规定，严格按照规定的浓度、每年使用次数和安全间隔期要求施用，喷药均匀周到；农药混剂执行其中残留性最大的有效成分的安全间隔期，并注意不同作用机理农药的交替使用和合理混用，以延缓病虫的抗药性，提高防治效果。

（二）主要病害防治技术

1. 腐烂病

梨腐烂病又名臭皮病，是梨树重要的枝干病害。主要危害树干、主枝和侧枝，使感病部位树皮腐烂。发病初期病部肿起，水渍状，呈红褐至褐色，常有酒糟味，用手压有汁液流出，后渐凹陷变干，产生黑色小疣状物，树皮随即开裂。

（1）发生规律

一年有春、秋季两个发病高峰，春季是病菌侵染和病斑扩展最快的时期，秋季次之。由于病原菌的寄生性较弱，具有潜伏侵染的现象，侵染和繁殖一般发生在生长活力低或近死亡的组织上。各种导致树势衰弱的因素（如立地条件不好或土壤管理差而造成根系生长不良，施肥不足、干旱，结果过多或大小年结果现象严重，病虫害、冻害严重，修剪不良或过重以及大伤口太多等），都可诱发腐烂病的发生。水肥管理得当，生长势旺盛，结构良好的树发病轻。

（2）防治方法

加强土肥水管理，防止冻害和日烧，合理负载，增强树势，提高树体抗病能力，是防治腐烂病的关键措施。秋季树干涂白，防止冻害。

春季发芽前全树喷二氯萘醌 50 倍液或 50％五氯酚钠 150 倍液、5 波美度石硫合剂，铲除树体上的潜伏病菌。

早春和晚秋发病初期及时刮治，病斑应刮净、刮平，或者用刀顺病斑纵向划道，间隔 5mm 左右，同时喷施 45％晶体石硫合剂 300 倍液、75％百菌灵可湿性粉剂 700 倍液、50％百菌清可湿性粉剂 1 500 倍液。另外，随时剪除病枝并烧毁，减少病原菌。生长期可喷施 1∶2∶200 倍式波尔多液、45％晶体石硫合剂 300 倍液、64％恶霜灵·代森锰锌可湿性粉剂 500 倍液，保护枝干和果实。

2. 梨黑星病

梨黑星病又称疮痂病，是我国梨区发生和危害严重的病害之一，主要危害果实、果梗、叶片、嫩梢、叶柄、芽和花等部位。在叶片上最初表现为近圆形或不规则形、淡黄色病斑，一般沿叶脉的病斑较长，随病情发展首先在叶背面沿支脉病斑上长出黑色霉层，发生严重时许多病斑连成一片，使整个叶背布满黑霉，造成早期落叶。在新梢上是从基部开始形成病斑，初期褐色，随病斑扩大，病斑上产生一层黑色霉层，病疤凹陷、龟裂，发生严重时可导致新梢枯死。在果实上最初为黄色近圆形的病斑，病斑大小不等，病健部界限清晰，随病斑扩大，病斑凹陷并在其上形成黑色霉层。处于发育期的果实发病，因病部组织木栓化而在果实上形成龟裂的疮痂，从而造成果实畸形。

(1) 发生规律

病菌以分生孢子和菌丝在芽鳞片、病果、病叶和病梢上或以未成熟的子囊壳在落地病叶中越冬。春季由病芽抽生的新梢、花器官先发病，成为感染中心，靠风雨传播给附近的叶片、果实等。梨黑星病病原菌寄生性强，病害流行性强。一年中可以多次侵染，高温、多湿是发病的有利条件。年降水量在 800mm 以上、空气湿度过大时，容易引起病害流行。华北地区 4 月下旬开始发病，7～8月是发病盛期。另外，树冠郁闭、通风透光不良、树势衰弱或地势低洼的梨园发病严重。梨品种间有差异，中国梨最感病，日本梨次之，西洋梨较抗病。

（2）防治方法

梨果实套袋，保护果实。梨黑星病高发地区，注意选择抗病品种栽植。

合理修剪，改善冠内通风透光条件。施肥时注意增施有机肥和微肥，避免偏施氮肥造成枝条徒长；从新梢开始生长之初就开始寻找并及时剪除发病新梢，对前一年发病重的区域和单株更要注意。剪除病芽梢加上及时的喷药保护是目前控制梨黑星病流行的最有效方法。

梨芽萌动时喷施保护剂，可用以下药剂：50％多·福（多菌灵·福美双）可湿性粉剂 400～600 倍液；75％百菌清可湿性粉剂 800 倍液；50％克菌丹可湿性粉剂 400～500 倍液。雨季前，梨果成熟前 30d 左右是防治该病害的关键时期。从发病初期开始，每隔 10～15d 喷布一次杀菌剂，常用药剂有 50％多菌灵可湿性粉剂 600～800 倍液、70％甲基硫菌灵 800 倍液、10％苯醚甲环唑水分散粒剂 3 000～5 000 倍液、80％代森锰锌可湿性粉剂 700 倍液＋50％醚菌酯水分散粒剂 4 000～5 000 倍液、25％吡唑醚菌酯乳油 1 000～3 000 倍液、40％腈菌唑可湿性粉剂 8 000～10 000 倍液，与其他杀菌剂交替使用效果更好。

3. 梨轮纹病

梨轮纹病又称粗皮病，分布遍及全国梨产区。病菌可侵染枝干、果实和叶片。在枝干上通常以皮孔为中心形成深褐色病斑，单个病斑圆形，直径 5～15mm，初期病斑略隆起，后边缘下陷，从病健交界处裂开。在果实上一般在近成熟时发病，首先表现为以皮孔为中心，形成水渍状褐色圆形斑点，后病斑逐渐扩大呈深褐色并表现明显的同心轮纹，病果很快腐烂。

（1）发生规律

病菌以菌丝体和分生孢子器或子囊壳在病枝干上越冬。翌春在病组织上产生孢子，成为初侵染源。分生孢子借雨水传播造成枝干、果实和叶片的侵染。梨轮纹病在枝干和果实上有潜伏侵染的特性，尤其在果实上很多都是早期侵染，成熟期发病，其潜育期的长短主要受果实发育和温度的影响。该病发生与降雨有关，一般落花后每一次降雨，即有一次侵袭；也与树势有关，一般管理粗放、树体生长势弱的树发病重。

（2）防治方法

加强栽培管理，增强树势，提高抗病能力。彻底清理梨园，春季刮除粗皮，集中烧毁，消灭病原；春季发芽前刮除病瘤，全树喷洒 80％代森锰锌可湿性粉剂 700 倍液、或 80％敌菌丹可湿性粉剂 1 000～1 200 倍液、或 50％多菌灵可湿性粉剂 500～800 倍液、或 75％百菌清可湿性粉剂 800 倍液；生长季节于谢花后每半月左右喷一次杀菌剂，常用农药有 35％多菌灵磺酸盐悬浮剂 600～800 倍液、25％戊唑醇水乳剂 2 000～2 500 倍液、80％敌菌丹可湿性粉剂 1 000 倍液＋50％苯菌灵可湿性粉剂 1 000 倍液、70％甲基硫菌灵可湿性粉剂 800 倍液、4％嘧啶核苷类抗生素水剂 600～800 倍液、80％代森锰锌可湿性粉剂 800 倍液等。

4. 梨白粉病

梨白粉病主要危害老叶，先在树冠下部老叶上发生，再向上蔓延。7 月开始发病，秋季为发病盛期。最初在叶背面产生圆形的白色霉点，继续扩展成不规则白色粉状霉斑，严重时布满整个叶片。生白色霉斑的叶片正面组织初呈黄绿色至黄色不规则病斑，严重时病叶萎缩、变褐枯死或脱落，后期白粉状物上产生黄褐色至黑色的小颗粒。

（1）发生规律

病菌以闭囊壳在落叶上及黏附在枝梢上越冬。子囊孢子通过雨水传播侵入梨叶，病叶上产生的分生孢子进行再侵染，秋季进入发病盛期。密植梨园、通风不畅、排水不良或偏施氮肥的梨树容易发病。

（2）防治方法

秋后彻底清扫落叶，并进行土壤耕翻，合理施肥，适当修剪，发芽前喷一次 3～5 波美度石硫合剂；加强栽培管理，增施有机肥，防止偏施氮肥，合理修剪，使树冠通风透光。

发病前或发病初期喷药防治。药剂可选用：0.2～0.3 波美度石硫合剂、75％百菌清可湿性粉剂 800～1 000 倍液、70％代森锰锌可湿性粉剂 600～800 倍液、70％甲基硫菌灵可湿性粉剂 500 倍液、15％三唑酮乳油 600～1 000 倍液、12.5％烯唑醇可湿性粉剂 1 000～2 000 倍液。

5. 梨锈病

梨锈病又称赤星病、羊胡子，全国各梨产区普遍发生。侵染叶片也危害果实、叶柄和果柄。侵染叶片后，在叶片正面表现为橙色、近圆形病斑，病斑略凹陷，斑上密生黄色针头状小点，叶背面病斑略突起，后期长出黄褐色毛状物。果实和果柄上的症状与叶背症状相似，幼果发病能造成果实畸形和早落。

(1) 发生规律

病菌以多年生菌丝体在桧柏类植物的发病部位越冬，春季形成冬孢子角，冬孢子角在梨树发芽展叶期吸水膨胀，萌发产生担孢子，随风传播造成侵染。桧柏类植物的数量和与梨树的距离是影响梨锈病发生的重要因素。在梨树发芽展叶期，多雨有利于冬孢子角的吸水膨胀和冬孢子的萌发、担孢子的形成，风向和风力有利于担孢子的传播时，梨锈病发生严重。白梨和砂梨系的品种都不同程度地感病，洋梨较抗病。

(2) 防治方法

铲除梨园周围 5 000m 以内的桧柏类植物是防治梨锈病的最根本方法；在桧柏类植物上喷药抑制冬孢子的萌发和锈孢子的侵染。对不能砍除的桧柏类植物要在春季冬孢子萌发前及时剪除病枝并销毁，或喷一次 2～3 波美度石硫合剂或 0.3％五氯酚钠与石硫合剂混合液或者 1∶1～2∶（100～160）倍式波尔多液，消灭桧柏上的病原；梨树从萌芽至展叶后 25d 喷药保护。一般萌芽期喷布第一次药剂，以后每 10d 左右喷布一次。早期可使用的药剂有：50％克菌丹可湿性粉剂 400～500 倍液、50％灭菌丹可湿性粉剂 400～500 倍液；花后可用 20％萎锈灵乳油 600～800 倍液、65％代森锰锌可湿性粉剂＋40％氟硅唑乳油 8 000 倍液、30％醚菌酯悬浮剂 2 000～3 000 倍液、20％三唑酮乳油 800～1 000 倍液。

6. 干枯病

干枯病一般危害西洋梨的主干和主枝。首先，在枝组的基部表现为红褐色病斑，随病斑的扩大，开始干枯凹陷，病健交界处裂开，病斑也形成纵裂，最后，枝组枯死，其上的花、叶、果也随之萎蔫并干枯。病斑上形成黑色突起。

(1) 发生规律

病菌以菌丝体或分生孢子、子囊壳在病组织上越冬，翌春病斑上形成分生孢子，借雨水传播，一般是从修剪和其他的机械伤口侵入，也能直接侵染芽体。往往在主干或主枝基部发生腐烂病或干腐病后，树体或主枝生长势衰弱，其上的中小枝组发病较重。以秋子梨和西洋梨品种发生重，白梨品种发病较轻，生长势衰弱的树发病较重。

(2) 防治方法

加强树体保护，减少伤口。对修剪后的大伤口，及时涂抹油漆或动物油，以防止伤口水分散发过快而影响愈合；每年树干涂白，防止冻伤和日灼。每年芽前喷 5 波美度石硫合剂与 0.3%～0.5% 五氯酚钠混合液，生长期喷施 50% 苯菌灵可湿性粉剂 1 500 倍液或 40% 多·福（多菌灵·福美双）可湿性粉剂 400～600 倍液；也可刮病斑再涂 50% 福美双可湿性粉剂 50 倍液。要注意全树各枝上均匀着药。

7. 黄叶病

黄叶病属于生理病害，其中以东部沿海地区和内陆低洼盐碱区发生较重，往往是成片发生。症状都是从新梢叶片开始，叶色由淡绿色变成黄色，仅叶脉保持绿色，发生严重时整个叶片是黄白色，在叶缘形成焦枯坏死斑。发病新梢枝条细弱，节间延长，腋芽不充实。最终造成树势下降，发病枝条不充实，抗寒性和萌芽率降低。

梨树从幼苗到成龄的各个阶段都可发生。形成这种黄化的原因是缺铁，因此又称为缺铁性黄叶。

防治方法：改土施肥，在盐碱地定植梨树，除大坑定植外，还应进行改土施肥。方法是从定植的当年开始，每年秋天挖沟，将好土和杂草、树叶、秸秆等加上适量的碳酸氢铵和过磷酸钙混合后回填。第一年改良株间的土壤，第二年沿行间从一侧开沟，第三年改造另一侧，平衡施肥，尤其要注意增施磷、钾肥、有机肥、微肥，叶面喷施硫酸亚铁 300 倍液。根据黄化程度，每隔 7～10d 喷 1 次，连喷 2～3 次。也可根据历年黄化发生的程度，对重病株芽喷施硫酸亚铁 80～100 倍液。

8. 缩果病

北方梨区普遍发生的一种生理性病害，其危害是在果实上形成缩果症状，使果实完全失去商品价值。

(1) 发生规律

梨缩果病是由缺硼引发的一种生理性病害。缩果病在偏碱性土壤的梨园和地区发生较重。另外，硼元素的吸收与土壤湿度有关，过湿和过干都影响梨树对硼元素的吸收。因此，在干旱贫瘠的山坡地和低洼易涝地更容易发生缩果病。不同品种对缺硼的耐受能力不同，不同品种上的缩果症状差异也很大。在鸭梨上，严重发生的单株自幼果期就显现症状，果实上形成数个凹陷病斑，严重影响果实的发育，最终形成猴头果。中轻度发生的不影响果实的正常膨大，在果实生长的后期出现数个深绿色凹陷斑，最终导致果实表面凹凸不平。在砂梨和秋子梨的某些品种上凹陷斑变褐色，斑下组织亦变褐木栓化甚至病斑龟裂。

(2) 防治方法

干旱年份注意及时浇水，低洼易涝地注意及时排涝，维持适中的土壤水分状况，保证梨树正常生长发育；对有缺硼症状的单株和园片，从幼果期开始，每隔 7～10d 喷施硼酸或硼砂 300 倍液，连喷 2～3 次，一般能收到较好的防治效果，也可以结合春季施肥，根据植株的大小和缺硼发生的程度，单株根施 100～150g 硼酸或硼砂。

9. 梨褐斑病

严重发生时多个病斑相连成不规则形，褐色边缘清晰，后从病斑中心起变成白色至灰色，边缘褐色，严重发生能造成提前落叶。后期斑上密生黑色小点为病原菌分生孢子器。

（1）发生规律

以分生孢子器或子囊壳在落地病叶上越冬，春天形成分生孢子或子囊孢子，借风雨传播造成初侵染。初侵染病斑上形成的分生孢子进行再侵染。再侵染的次数因降雨的多少和持续时间而异，5～7月阴雨潮湿有利于发病。一般在6月中旬前后初显症状，7～8月进入盛发期。地势低洼潮湿的梨园发病重，修剪不当、通风透光不良和交叉郁闭严重的梨园发病重，在品种上以白梨系雪花梨发病最重。

（2）防治方法

强化果园卫生管理，冬季集中清理落叶，烧毁或深埋，以减少越冬病原；加强肥水管理，合理修剪，避免郁蔽，低洼果园注意及时排涝。

在雨季来临之前，结合轮纹病和黑星病的防治喷布杀菌剂。药剂可选用1∶2∶200倍式波尔多液、25％戊唑醇乳剂2 000倍液、70％甲基硫菌灵可湿性粉剂800倍液、50％异菌脲可湿性粉剂1 500倍液、80％代森锰锌可湿性粉剂800倍液、75％百菌清可湿性粉剂600～800倍液、75％代森锰锌可湿性粉剂800～1 000倍液、15％腈菌唑悬浮剂2 500～3 200倍液、12.5％烯唑醇可湿性粉2 500倍液，交替使用。

10. 黑点病

黑点病主要发生在套袋梨果的萼洼处及果柄附近。黑点呈米粒大小至绿豆粒大小不等，常常几个连在一起，形成大的黑褐色病斑，中间略凹陷。黑点病仅发生在果实的表皮，不引起果肉溃烂，贮藏期也不扩展和蔓延。

（1）发生规律

该病是由弱寄生菌——粉红聚端孢和细交链孢侵染引起的。该病菌喜欢高温高湿的环境。梨果套袋后袋内湿度大，特别是果柄附近、萼洼处容易积水，加上果肉细嫩，容易引起病菌的侵染。雨水多的年份黑点病发生严重；通风条件差、土壤湿度大、排水不良的果园以及果袋通透性差的果园，黑点病发生较重。

（2）防治技术

选园套袋：选取建园标准高、地势平整、排灌设施完善、土壤肥沃且通透性好、树势强壮、树形合理的稀植大冠形梨园实施套袋。

选用优质袋：应选择防水、隔热和透气性能好的优质复色梨袋。不用通透性差的塑膜袋或单色劣质梨袋。

合理修剪：冬、夏季修剪时，疏除交叉重叠枝条，回缩过密冗长枝条，调整树体结构，改善梨园群体和个体光照条件，保证冠内通风透光良好。

规范操作：宜选择树冠外围的梨果套袋，尽量减少内膛梨果的套袋量。操作时，要使梨袋充分膨胀，避免纸袋紧贴果面。卡口时，可用棉球或剥掉外包纸的香烟过滤烟嘴包裹果柄，严密封堵袋口，防止病菌、害虫或雨水侵入。

加强管理：结合秋季深耕，增施有机肥，控制氮肥用量。土壤黏重梨园，可进行掺砂改土。7～8月，降水量大时，注意及时排水和中耕散墒，降低梨园湿度。

套袋前喷布杀菌、杀虫剂：喷药时选用优质高效的安全剂型如代森锰锌、氟硅唑、甲基硫菌灵、烯唑醇、多抗霉素、吡虫啉、阿维菌素等，并注意选用雾化程度高的药械，待药液完全干后再套袋。

11. 梨黑斑病

该病主要侵染果实形成裂果，也侵染叶片和新梢，严重发生引起早期落花。侵染叶片表现为近圆形不规则病斑，病斑中央颜色较浅，边缘黑褐色，有时可见不明显的轮纹，潮湿时病斑上生一层黑霉，为病原菌菌丝体、分生孢子梗和分生孢子，重病叶早落。幼果发病首先表现为近圆形病斑略凹陷后生黑霉。病健部发育不均，果面从斑处形成龟裂，病果早落，在新梢上形成椭圆形凹陷病斑，病健交界处裂开。

（1）发病规律

病菌以分生孢子和菌丝体在发病枝或落地病叶病果上越冬，春季病组织上形成分生孢子，借风雨传播引起初侵染。在适合的温湿度条件下能有多次再侵染。该病发生最适温度 24～28℃，有利于黑斑病的发生。南方的梅雨季节是病害发生和蔓延最快的时期。西洋梨、日本梨感病，中国梨较抗病。

（2）防治方法

果实套袋；搞好果园卫生；发芽前及时剪除病梢，清除果园内病叶和病僵果；强栽培管理，增施有机肥，避免因偏施氮肥而徒长，合理修剪维持冠内株间良好的通风透光条件。

芽前喷一次 5 波美度石硫合剂，与 0.3％五氯酚钠混喷效果更好。花后根据降雨和其他病害的防治，每间隔 15d 左右喷一次杀菌剂。药剂有 1：2：200 倍式波尔多液、65％代森锰锌可湿性粉剂 500～600 倍液、或 50％异菌脲可湿性粉剂 1 000～1 500 倍液、10％多氧霉素可湿性粉剂 1 000～1 200 倍液、75％百菌清可湿性粉剂 600～800 倍液。

12. 梨火疫病

梨火疫病是目前梨树上的毁灭性病害。除侵染梨以外，还能危害苹果和其他多种蔷薇科植物，是我国最主要的检疫对象之一。能侵染梨树的多种组织和器官。症状表现最早也最有危害性的是侵染花序。在花梗上首先表现为水渍状、灰绿色病变，随之花瓣由红色变褐色或黑色。发病的花可传染同花序的其他花或花序，发病的花序不脱落。早期侵染的果实不膨大，色泽黑暗；之后果实上形成红褐色或黑色病斑。在新梢枝条上首先表现为灰绿色病变，随之整个新梢萎蔫下垂，最后死亡。树皮组织发病后，略凹陷，颜色也略深，皮下组织呈水渍状。所有发病组织还有如下特点：旺盛生长组织发病后，症状发展快，如同被火烧过；发病组织在潮湿条件下，病部形成菌溢。菌溢最初为透明或乳汁状，后呈红色或褐色，干后有光泽。

（1）发病规律

该病为细菌病害。病原细菌主要在当年发病的皮层组织中越冬，翌春病组织上形成的菌溢，通过雨水或介体昆虫（主要是蚜虫和梨木虱）进行传播。从伤口或皮孔侵入，一般伤口侵入的发病和形成菌溢较快。当年发病部位形成的菌溢，通过传播，造成多次再侵染。久旱逢雨、浇水过度、地势低洼则发病重。

（2）防治方法

严格检疫是目前最根本也是最有效的防治方法；避免在低洼易涝地定植，芽前刮除发病树皮，在生长季节定期检查各种发病新梢和组织，发现后及时剪除；对因各种农事操作造成的伤口都要进行涂药保护。

要及时喷药防治各种介体昆虫，另外要及时喷布杀菌剂，特别是注意风雨后要及时喷药，因为风雨后形成大量的伤口也有利于细菌的侵染。药剂可选用69％烯酰吗啉·代森锰锌可湿性粉剂500倍液、75％百菌清可湿性粉剂500倍液、80％代森锰锌可湿性粉剂800倍液、10％苯醚甲环唑水分散粒剂2 000倍液。

（三）主要虫害防治技术

1. 梨木虱

梨木虱是当前梨树的最主要害虫之一，主要寄主为梨树，以成、若虫刺吸芽、叶、嫩枝梢进行直接为害，分泌黏液，招致杂菌，造成叶片间接为害，出现褐斑而造成早期落叶，同时污染果实，影响品质。

（1）发生规律

在河北、山东一年发生4～6代。以冬型成虫在落叶、杂草、土石缝隙及树皮缝内越冬，翌春2～3月出蛰，3月中旬为出蛰盛期。在梨树发芽前即开始产卵于枝叶痕处，发芽展叶期将卵产于幼嫩组织茸毛内及叶缘锯齿间、叶片主脉沟内等处。若虫多群集为害，有分泌黏液的习性，在黏液中生活、取食及为害。直接为害盛期为6～7月，此时世代交替。到7～8月雨季，由于梨木虱分泌的黏液招致杂菌，致使叶片产生褐斑并霉变坏死，引起早期落叶，造成严重间接为害。

（2）防治方法

彻底清除树下的枯枝落叶杂草、刮老树皮，消灭越冬成虫；在 3 月中旬越冬成虫出蛰盛期喷洒菊酯类药剂 1 500～2 000 倍液、40％辛硫磷乳油 800 倍液、48％毒死蜱乳油 1 200 倍液，控制出蛰成虫基数。

在梨落花 80％～90％，即第一代若虫较集中孵化期，也就是梨木虱防治的最关键时期，可选用 20％双甲脒乳油 1 200～1 500 倍液、10％高渗双甲脒乳油 1 500 倍液、10％吡虫啉可湿性粉剂 2 000～2 500 倍液、7.5％阿维菌素·氯氰菊酯乳油 3 000～4 000 倍液、3％啶虫脒乳油 2 000 倍液等药剂，发生严重梨园，可加入洗衣粉等助剂以提高药效。

2. 梨二叉蚜

又名梨蚜，是梨树的主要害虫。以成虫、幼虫群居叶片正面进行为害，受害叶片向正面纵向卷曲呈筒状，被蚜虫为害后的叶片大都不能再伸展开，易脱落，且易招致梨木虱潜入。严重时造成大批早期落叶，影响树势。

（1）发生规律

梨蚜一年发生十多代，以卵在梨树芽腋或小枝裂缝中越冬，翌年梨花萌动时孵化为若蚜，群集在露白的芽上为害，展叶期集中到嫩叶正面为害并繁殖，5～6 月转移到其他寄主上为害，到 9～10 月产生有翅蚜由夏寄主返回梨树上为害，11 月产生有性蚜，交尾产卵于枝条皮缝和芽腋间越冬。北方果区春、秋两季于梨树上繁殖为害，并以春季为害较重。

（2）防治方法

在发生数量不太大时，早期摘除被害叶，集中处理，消灭蚜虫。春季花芽萌动后，初孵若虫群集在梨芽上为害或群集叶面为害。尚未卷叶时喷药防治，可以压低春季虫口基数并控制前期为害。可采用 10％吡虫啉可湿性粉剂 2 000～4 000 倍液、40％蚜灭磷乳油 1 000～1 500 倍液、50％抗蚜威可湿性粉剂 400～600 倍液等药剂。

3. 山楂叶螨

又名山楂红蜘蛛，在我国梨和苹果产区均有发生。成螨、若螨和幼螨刺吸芽、叶和果的汁液，叶受害初呈很多失绿小斑点，渐扩大成片，严重时全叶苍白焦枯变褐，叶背面拉丝结网，导致早期落叶，削弱树势。

（1）发生规律

北方果区一年发生 5～9 代，均以受精的雌成螨在树体各种缝隙内及树干附近的土缝中群集越冬。果树萌芽期，开始出蛰。出蛰后一般多集中于树冠内膛局部为害，以后逐渐向外膛扩散。常群集叶背为害，有吐丝拉网习性。山楂叶螨第一代发生较为整齐，以后各代重叠的发生。6～7 月的高温干旱，最适宜山楂叶螨的发生，其种群数量急剧上升，形成全年为害高峰期。进入 8 月，雨量增多，湿度增大，其种群数量逐渐减少。一般于 10 月即进入越冬场所越冬。

（2）防治方法

结合果树冬季修剪，认真细致地刮除枝干上的老翘皮，并耕翻树盘，可消灭越冬雌成螨。保护利用天敌是控制叶螨的有效途径之一，保护利用的有效途径是减少广谱性高毒农药的使用，选用选择性强的农药，尽量减少喷药次数。有条件的果园还可以引进释放扑食螨等天敌。

药剂防治关键时期为越冬雌成螨出蛰期和第一代卵和幼若螨期。药剂可选用：5％噻螨酮乳油 2 000～2 500 倍液，20％四螨嗪悬浮剂 2 000～2 500 倍液，15％哒螨灵乳油 2 000～2 500 倍液，25％三唑锡可湿性粉剂 1 000～1 500 倍液。喷药要细致周到。

4. 梨圆蚧

在我国北方各梨产区均有发生，主要为害梨、苹果、枣、核果类等多种果树。以雌成虫、若虫刺吸枝干、叶、果实汁液，轻则造成树势衰弱，重则造成枯死。

（1）发生规律

梨圆蚧在北方梨树上一年发生 2 代，均以 2 龄若虫在枝条上越冬，翌春树液流动后开始为害，并蜕皮为 3 龄，雌雄分化，梨圆蚧可以孤雌生殖，但大部分是雌雄交尾后胎生。初龄若虫即在嫩枝、果实或叶片上为害。5 月中上旬雄成虫羽化，6 月中上旬至 7 月上旬越冬代雌成虫产仔。当年的第一代雌成虫于 7 月下旬至 9 月上旬产仔，第二代于 9 月至 11 月产仔。

（2）防治方法

调运苗木，接穗要加强检疫，防止传播蔓延；初发生梨园多是点片发生，彻底剪除有虫枝条或人工刷抹有虫枝，铲除虫源。

药剂防治可以采用在萌芽前喷布 5 波美度石硫合剂或洗衣粉 200 倍液、95％机油乳剂 50 倍液。越冬代和第一代成虫产仔期和 1 龄若虫扩散期是喷药防治的关键时期，可用 2.5％高效氯氰菊酯乳油 2 000～2 500 倍液、25％噻嗪酮可湿性粉剂 1 000～1 500 倍液、48％毒死蜱乳油 1 000～1 500 倍液。

5. 茶翅蝽

在东北、华北、华东和西北地区均有分布，以成虫和若虫为害梨、苹果、桃、杏、李等果树及部分林木和农作物，近年来为害日趋严重。叶和梢被害后症状不明显，果实被害后被害处木栓化，变硬，发育停止而下陷，果肉微苦，严重时形成疙瘩梨或畸形果，失去经济价值。

（1）发生规律

一年发生一代，以成虫在果园附近建筑物上的缝隙、树洞、土缝、石缝等处越冬，北方果区一般 5 月上旬开始出蛰活动，6 月始产卵于叶背，卵多集中成块。6 月中下旬孵化为若虫，8 月中旬为成虫盛期，8 月下旬开始寻找越冬场所，到 10 月上旬达入蛰高峰。成虫或若虫受到惊扰或触动时即分泌臭液，并逃逸。

（2）防治方法

在春季越冬成虫出蛰时和 9～10 月成虫越冬时，在房屋的门窗缝、屋檐下、向阳背风处收集成虫；成虫产卵期，收集卵块和初孵若虫，集中销毁；实行有袋栽培，自幼果期进行套袋，防止其为害。

在越冬成虫出蛰期和低龄若虫期喷药防治。药剂可选用 50％杀螟松乳剂 1 000 倍液、48％毒死蜱乳剂 1 500 倍液、20％氰戊菊酯乳油 2 000～3 000 倍液、5％吡·高氯乳油 1 000～1 500 倍液，连喷 2～3 次，均能取得较好的防治效果。

6. 康氏粉蚧

（1）发生规律

康氏粉蚧一年发生 3 代，以卵及少数若虫、成虫在被害树树干、枝条、粗皮裂缝、剪锯口或土块、石缝中越冬。翌春果树发芽时，越冬卵孵化成若虫，食害寄主植物的幼嫩部分。第一代若虫发生盛期在 5 月中下旬，第二代若虫在 7 月中下旬，第三代若虫发生在 8 月下旬。9 月产生越冬卵，早期产的卵也有的孵化成若虫、成虫越冬。成虫雌雄交尾后，雌虫爬到枝干、粗皮裂缝或袋内果实的萼洼、梗洼处产卵。产卵时，雌成虫分泌大量棉絮状蜡质卵囊，卵产于囊内，每雌成虫可产卵 200～400 粒。

（2）防治方法

冬春季结合清园，细致刮皮或用硬毛刷刷除越冬卵，集中烧毁；或在有害虫的树干上，于 9 月绑缚草把，翌年 3 月将草把解下烧毁。

喷药要抓住 3 个关键时期：一是在 3 月上旬，先喷机油乳剂 80 倍液＋35％硫丹乳油 600 倍液，3 月下旬至 4 月上旬喷 3～5 波美度的石硫合剂。在梨树上这两遍药最重要，可兼杀多种害虫的越冬虫卵，减少病虫的越冬基数。二是在 5 月下旬至 6 月上旬，第一代若虫盛发期，及 7 月下旬至 8 月上旬第二代若虫盛发期，细致均匀地喷布杀虫剂。可用 25％扑虱灵粉剂 2 000 倍液、20％害扑威乳油 300～500 倍液、20％氰戊菊酯乳油 2 000 倍液、25％噻虫嗪水分散颗粒剂 5 000 倍液、48％毒死蜱乳油 1 200 倍液、52.25％农地乐乳油 1 500 倍液、99.1％加德士敌死虫乳油 500 倍液、2.5％歼灭乳油 1 500 倍液，效果都很好。三是在果实采收后的 10 月下旬，在树盘距干 50cm 半径内喷 52.25％农地乐乳油 1 000 倍液。

7. 绿盲蝽

绿盲蝽寄主植物种类非常广泛，为害梨、葡萄、苹果、桃、石榴、枣树、棉花、苜蓿等。绿盲蝽以成虫、若虫的刺吸式口器为害，幼芽、嫩叶、花蕾及幼果等是其主要为害部位。幼叶受害后，先出现红褐色或散生的黑色斑点，斑点随叶片生长变成不规则孔洞，俗称破叶疯；花蕾被害后即停止发育而枯死；幼果被害后，先出现黑褐色水渍状斑点，然后造成果面木栓化，甚至僵化脱落，严重影响果的产量和质量。

（1）发生规律

绿盲蝽一年发生4～5代，主要以卵在树皮缝内、顶芽鳞片间、断枝和剪口处以及苜蓿、蒿类等杂草或浅层土壤中越冬。翌年3～4月，月平均温度达10℃以上、空气相对湿度高于60％时，卵开始孵化，第一代绿盲蝽的卵孵化期较为整齐，梨树发芽后即开始上树为害，孵化的若虫集中为害幼叶。绿盲蝽从早期叶芽破绽开始为害到6月中旬，其中展叶期和幼果期为害最重。成虫寿命30～40d，飞行力极强，白天潜伏，稍受惊动，迅速爬迁，不易被发现。清晨和夜晚爬到叶芽及幼果上刺吸为害。成虫羽化后6～7d开始产卵。以春秋两季受害重。10月上旬产卵越冬。

（2）防治方法

冬季或早春刮除树上的老皮、翘皮，铲除枣园及附近的杂草和枯枝落叶，集中烧毁或深埋，可减少越冬虫卵；萌芽前喷3～5波美度石硫合剂，可杀死部分越冬虫卵。

选择最佳时间、合适药剂进行化学防治，应注意在各代若虫期集中统一用药，此时用药，若虫抗药性弱，且容易接触药液，防治效果较好。药剂可选择2.5％溴氰菊酯乳油2 000倍液、48％毒死蜱乳油1 000～1 500倍液、52.25％农地乐乳油1 500～2 000倍液、10％吡虫啉可湿性粉剂2 000倍液等，交替使用，喷药应选择无风天气，在早晨或傍晚进行，要对树干、树冠、地上杂草、行间作物全面喷药，喷雾时药液量要足，做到里外打透、上下不漏，同时注意群防群治，集中时间统一进行喷药，以确保防治效果。

8. 梨茎蜂

又名折梢虫、截芽虫等，主要为害梨。成虫产卵于新梢嫩皮下刚形成的木质部，从产卵点上 3～10mm 处锯掉春梢，幼虫于新梢内向下取食，致使受害部枯死，形成黑褐色的干橛。梨茎蜂是为害梨树春梢的重要害虫，影响幼树整形和树冠扩大。

(1) 发生规律

梨茎蜂一年发生一代，以老熟幼虫及蛹在被害枝条内越冬，3月中上旬化蛹，梨树开花时羽化，花谢时成虫开始产卵，花后新梢大量抽出时进入产卵盛期，幼虫孵化后向下蛀食幼嫩木质部而留皮层。成虫羽化后于枝内停留 3～6d 才于被害枝近基部咬一圆形羽化孔，于天气晴朗的中午前后从羽化孔飞出。成虫白天活跃，飞翔于寄主枝梢间，早晚及夜间停息于梨叶背面，阴雨天活动少。梨茎蜂成虫有假死性，但无趋光性和趋化性。

(2) 防治方法

结合冬季修剪剪除被害虫梢。成虫产卵期从被害梢断口下 1cm 处剪除有卵枝段，可基本消灭。生长季节发现枝梢枯橛时及时剪掉，并集中烧毁，杀灭幼虫。发病重的梨园，在成虫发生期，利用其假死性及早晚在叶背静伏的特性，振树使成虫落地而捕杀。

喷药防治。抓住花后成虫发生高峰期，在新梢长至 5～6cm 时可喷布 20％氰戊菊酯 3 000 倍液或 48％毒死蜱乳油 1 000～2 000 倍液、40％杀扑磷乳油 1 000～1 500 倍液、5％吡·高氯乳油 1 000～1 500 倍液等。

9. 梨黄粉蚜

梨黄粉蚜也称黄粉虫，它以成虫、若虫群集于果实萼洼处为害，被害部位开始时变黄，稍微凹陷，后期逐渐变黑，表皮硬化，龟裂成大黑疤，或者导致落果。有时它也刺吸枝干嫩皮汁液。

黄粉虫属同翅目根瘤蚜科梨矮蚜属，喜阴暗环境，袋口扎得不严、果袋无防虫效果时易从袋口、通气放水口钻入袋内为害。入袋初期在袋口扎丝及梨肩附近可见大量黄粉状物质（实为各龄蚜虫及卵），受害初期果皮表面呈黄色稍凹陷的小斑，后期被害处变黑，向四周扩大呈轮纹状，组织坏死，易感染病菌而腐烂，促进果柄形成离层导致落果。萼洼、梗洼处受害尤重。

该虫为多型性蚜虫，有干母、普通型、性母和有性型4种。干母、普通型、性母均为雌性，行孤雌卵生。梨黄粉蚜一年发生8～10代，以卵在果台残橛、树皮裂缝、剪锯口周围或枝干上的残附物内越冬。梨果套袋后果台残橛处越冬的卵量明显地高于不套袋果园。3月中旬卵开始孵化为干母若虫，梨树开花期为卵孵化高峰期，4月中旬羽化的成虫开始产卵，以后卵、虫均有，世代重叠。

（1）发生规律

张青瑞等在河北辛集调查发现，5月中旬果台残橛处的成虫陆续出蛰转枝为害，5月下旬树皮缝的成虫出蛰转枝为害。6月上旬陆续入袋为害梨果。发生严重的梨园6月上旬入袋率达20%，6月中旬入袋率达58.8%，果台残橛有虫的高达82%，6月有一个明显的入袋小高峰，7月下旬至8月中旬又有一个入袋小高峰。入袋后的梨黄粉蚜首先为害果柄及果肩，进入7月被害梨果开始脱落，8月中旬落袋果占30%～40%，采收期严重的可占60%～80%，而不套袋梨黄粉蚜主要为害萼洼，为害高峰期在7月下旬至8月中旬，为害率一般在3%以下。梨果套袋后由于纸袋的遮阴条件，诱发梨黄粉蚜大发生，且整个生长季节均有梨黄粉蚜入袋为害。危害严重的果实采收后在运输、贮藏、销售过程中也可发病，造成大量烂果。

（2）防治技术

梨黄粉蚜防治的关键时期是越冬卵孵化后的若虫爬行期，应控制和降低梨黄粉蚜虫口基数，杜绝进入果袋为害梨果。该虫的防治要点为：

①加强梨黄粉蚜入袋前的防治，降低虫口密度。采收后，全园细致喷一次50%硫悬浮剂300倍液或0.5～0.8波美度石硫合剂，消灭即将越冬的梨黄粉蚜。越冬期间，进行"三光、两剪、一刷"的人工防治。"三光"，即将落叶及时扫光、树干上的粗皮刮光、贮

果场附近的杂草烧光;"两剪",即剪除秋梢、剪除干枯枝;"一刷",即秋冬季进行树干刷白。萌芽前的人工防治可大量消灭越冬虫源。3 月中旬喷 5 波美度石硫合剂,花序分离期喷 0.5 波美度石硫合剂或 10% 吡虫啉可湿性粉剂 2 000 倍液,谢花后和套袋前各喷一次 10% 吡虫啉可湿性粉剂 2 000 倍液。

②套袋后要加强检查,发现袋内有梨黄粉蚜时,及时喷 1.8% 阿维菌素乳油 3 000～4 000 倍液,将果袋喷湿,利用药物的熏蒸作用杀死袋内蚜虫,或喷洒 10% 增效烟碱乳油 1 000 倍液。梨黄粉蚜为害率达 20% 以上的园要解袋喷药。可喷布以下药剂:20% 杀灭菊酯乳油 3 000～4 000 倍液,10% 吡虫啉可湿性粉剂 3 000 倍液,15% 抗蚜威可湿性粉剂 1 500 倍液。

③对前一年梨黄粉蚜为害较重的梨园,可采用主干或主枝涂药环的方法。在 5 月底至 6 月初梨黄粉蚜尚未转果为害前,在梨树主干或主枝上刮一宽 5cm 的环状带,只刮去老皮,以露青不露白为宜(幼树不宜刮)。之后用排笔将 40% 氧化乐果乳油 5 倍液涂于环状带内。最后内用报纸、外用薄膜或透明胶带包住涂药处,避免雨水冲刷和阳光照射。涂药后 15d 将包扎物解开,药效一般可持续至采果。

④改进套袋技术。套袋前将袋口浸药可有效地降低前期入袋为害率。药剂可选用 6% 林丹杀虫粉 60 倍液,浸湿袋口 1/3。套袋时选用捆扎带扎袋口,材料为双面塑料膜胶带,胶带长 6～7cm,将袋口扎 3 圈以上,从袋口扎到袋口以上的梨柄处,扎紧扎严可有效阻止梨黄粉蚜入袋。

10. 梨小食心虫

梨小食心虫简称梨小,主要以幼虫蛀食梨果实和核果类果树的新梢,是梨的主要蛀果害虫之一。幼虫从梨萼、梗洼处蛀入,直达果心,高湿情况下蛀孔周围常腐烂,俗称黑膏药,被害果易腐烂脱落,在桃、梨混栽的果园中为害严重。

(1) 发生规律

梨小食心虫在山东一年发生 4～5 代,以老熟幼虫在枝干翘皮下、枝杈缝隙、根部土壤中以及果品仓库及果品包装材料中结茧越冬。早春平均气温10℃以上时越冬幼虫开始化蛹，4月中旬至6月中旬出现越冬代成虫；6月中旬至7月上旬为第一代成虫发生期；7月中上旬至8月上旬为第二代成虫发生期；8月中旬至9月上旬为第三代成虫发生期。成虫寿命11～17d，产卵后8～10d出现幼虫，一、二代幼虫主要为害桃梢，三、四代幼虫主要为害梨、桃、苹果等果实。7月下旬以前蛀果幼虫只在果实表皮下为害，7月下旬以后蛀果的幼虫则直达果心，老熟后脱果，造成大量烂果。成虫对糖醋液、黑光灯、性诱剂有趋性。

（2）防治方法

避免桃、杏、李、樱桃、苹果、梨等果树混栽，梨园也不要距桃园太近，可以有效地减少梨小食心虫的转移为害。发芽前刮除粗老树皮并集中烧毁，消灭越冬幼虫；生长季节及时剪除被害桃梢；越冬幼虫脱果前在主枝、主干上绑缚草把，诱集幼虫入内，1个月后解下烧毁，可以降低虫口基数，减轻为害。

单植梨园应根据不同品种进行防治，一般早熟或中熟品种在第二代卵发生期开始用药，晚熟品种在第三代卵期开始用药。在虫口密度低的果园，可以用性诱芯诱杀雄蛾，方法是：于雄蛾羽化初期，在果园中每隔50m挂一个水碗，碗中盛放0.2％的洗衣粉溶液，距水面1cm处挂一个含梨小食心虫性诱剂200μg的性诱芯，以后经常检查，及时加水，保持水面高度，可以有效地诱杀雄蛾。也可以用糖醋液诱杀成虫，方法是：将糖、酒、醋、水按1∶1∶4∶16的比例配制成糖醋液，装入大口罐头瓶中，于成虫发生期挂在树上即可。

当园中卵果率达到0.5％～1％时，要及时进行药剂防治。可选用的药剂有：30％桃小灵乳油1 500～2 000倍液，20％氰戊菊酯乳油1 000～2 000倍液，2.5％氯氟氰菊酯乳油2 000～2 500倍液，48％毒死蜱乳油1 000～1 500倍液，25％灭幼脲3号悬浮剂1 500～2 000倍液，35％赛丹乳油1 500～2 000倍液，24％毒死蜱·阿维菌素乳油2000～3000倍液。

九、梨采收与包装

（一）适期采收

1. 采收期的确定

梨果采收时期对其产量、品质和耐贮性均有显著影响，同时也影响翌年的产量和果实品质。采收过早，果实发育不完全，果小，风味差，不耐贮存，严重降低产量和品质；采收过晚，则同样影响翌年产量，果肉衰老快，也不耐贮藏。因此，适期采收是梨果生产中不可忽视的重要环节。一般情况下，适宜的采收期要根据果实的成熟度来确定。判断成熟度的依据是果皮颜色、果肉风味及种子颜色等。梨果充分发育，种子变褐，果肉具有芳香，果柄与果台容易分离，绿色品种的果皮呈现绿白色或绿黄色，黄色或褐色品种果皮呈现黄色或黄褐色，红色品种的红色发育完全，呈现本品种应有的颜色时，表明果实已经成熟，已到采收期。

另外，确定采收期还要考虑采收后梨果的用途。供应上市的鲜食果，可在果实接近充分成熟时采收；需要长途运输的，可适当提前采收；用于加工的，要根据加工品对原材料的要求来确定采收期。

由于有些品种的成熟期不一致，因此在生产中，必须根据果实的成熟度，有先有后地分批采收成熟度最适宜的果实。从适宜采收初期开始，每隔 7～10d 采收一次，可采收 2～3 次，这样可显著提高梨果的产量与质量。生产中早熟品种的采收期在 8 月中上旬，中晚熟品种为 9 月上旬，晚熟品种为 9 月下旬。

2. 采收方法

采收时果筐或果篮等装果器具，应当垫有蒲包、旧麻袋片或塑料泡沫等，采果人员剪短指甲，采果时由外到内、由下往上采摘，摘果时用手握住果实底部，大拇指和食指按在果柄上，向上推，果柄即分离。切忌抓住梨果用力拉，以免果柄受损，摘双果时，用手先托住两个果，另一手再分次采下。轻拿轻放，防止果实碰压伤，尽量避免损坏枝叶及花芽，同时注意保证果柄完整。采果宜在晴天进行，在一天当中宜在果实温度最低的上午采收，而不宜在下雨、有雾和露水未干时进行，因果实表面附有水滴易引起腐烂。为避免果面有水引起腐烂，可在通风处晾干，严防日晒，在阴凉处预冷后分级包装。

（二）分级包装

梨果采收后运到包装场，首先挑除小果、病虫果、畸形果、机械伤果等，根据分级标准按果实大小分级，然后包装。良好的包装可以减少运输、贮藏和销售过程中相互摩擦、挤压等造成的损失，还可减少水分蒸发、病害蔓延，保持果实的新鲜度，提高耐贮性。

进行梨果的分级，目前采用手工分级和机械分级两种方法。手工分级是我国大部分梨产区普遍采用的方法，果实的大小以横径为标准，用分级板分级，标准度低，劳动成本高。而采用果品机械分级效率高、标准度高，是现代果品营销中常用的分级方法。

生产中采用的包装容器类型和大小应根据目的和销售对象来确定，如纸箱、木箱、钙塑瓦楞箱、条筐等。果实包装可减轻果实间的挤压，减少水分蒸发；经药剂处理的包装纸，还具有防腐保鲜的效果，报纸要求质地柔软，薄且半透明，也可用泡沫塑料制成水果网袋，减轻碰压。装箱时，先检查梨果规格和纸箱、纸格、纸板规格是否吻合；包装好的梨放入纸格内，装满一层盖一张纸板，装满箱后封严，并注明品种、等级、产地、重量等。

参考文献
REFERENCES

吕波，郭超峰，2011. 梨标准化生产田间操作手册 [M]. 北京：化学工业出版社.

孟凡武，2011. 梨无公害标准化生产实用栽培技术 [M]. 北京：中国农业科学技术出版社.

孙士宗，王志刚，2005. 无公害农产品高效生产技术丛书——梨 [M]. 北京：中国农业大学出版社.

杨建，2007. 梨标准化生产技术 [M]. 北京：金盾出版社.

陈新平，2010. 梨新品种及栽培新技术 [M]. 郑州：中原农民出版社.

冯月秋，李丛玺，2005. 梨树栽培新技术 [M]. 西安：西北农林科技大学出版社.

纪永强，2004. 精品梨生产的套袋技术 [J]. 北方果树（2）：19-20.

刘建福，蒋建国，张勇，等，2001. 套袋对梨果实裂果的影响 [J]. 果树学报，18（4）：241-242.

刘振岩，李震三，2000. 山东果树 [M]. 上海：上海科学技术出版社.

王少敏，王宏伟，董放，2019. 梨栽培新品种新技术 [M]. 济南：山东科学技术出版社.

于绍夫，张大礼，戚其家，2002. 黄金梨栽培技术 [M]. 济南：山东科学技术出版社.

图书在版编目（CIP）数据

梨新品种及配套技术/王少敏，董冉主编．—北京：
中国农业出版社，2020.4
（果树新品种及配套技术丛书）
ISBN 978-7-109-26751-0

Ⅰ.①梨…　Ⅱ.①王…②董…　Ⅲ.①梨－品种②梨
－果树园艺　Ⅳ.①S661.2

中国版本图书馆 CIP 数据核字（2020）第 057807 号

中国农业出版社出版

地址：北京市朝阳区麦子店街 18 号楼
邮编：100125
责任编辑：舒　薇　李　蕊　王琦瑢　　文字编辑：丁晓六
版式设计：王　晨　　责任校对：赵　硕
印刷：中农印务有限公司
版次：2020 年 4 月第 1 版
印次：2020 年 4 月北京第 1 次印刷
发行：新华书店北京发行所
开本：880mm×1230mm　1/32
印张：6.25　　插页：2
字数：170 千字
定价：35.00 元